数学和数学家的故事

（第 5 册）

［美］李学数　编著

上海科学技术出版社

图书在版编目(CIP)数据

数学和数学家的故事. 第 5 册／（美）李学数编著.
—上海：上海科学技术出版社，2015.1（2024.7 重印）
ISBN 978 - 7 - 5478 - 2466 - 5

Ⅰ.①数… Ⅱ.①李… Ⅲ.①数学—普及读物 Ⅳ.
①01 - 49

中国版本图书馆 CIP 数据核字(2014)第 266471 号

策 划：包惠芳 田廷彦
责任编辑：田廷彦 李 艳
封面设计：赵 军

数学和数学家的故事(第 5 册)
［美］李学数 编著

上海世纪出版(集团)有限公司
上海 科 学 技 术 出 版 社 出版、发行
（上海市闵行区号景路 159 弄 A 座 9F-10F）
邮政编码 201101 www.sstp.cn
上海中华印刷有限公司印刷
开本：700×1000 1/16 印张：14.5
字数：160 千字
2015 年 1 月第 1 版 2024 年 7 月第 12 次印刷
ISBN 978 - 7 - 5478 - 2466 - 5/O · 43
定价：35.00 元

序

　　李信明教授，笔名李学数，是一位数学家。他主攻图论，论文迭出，成绩斐然。同时，又以撰写华文数学家的故事而著称。

　　我结识信明先生，还是 20 世纪 80 年代的事。那时我和新加坡的李秉彝先生过往甚密。有一天他对我说："我有一个亲戚也是学数学的，也和你一样关注当代的数学家和数学故事。"于是我就和信明先生通信起来。我的书架上很快就有了香港广角镜出版社的《数学和数学家的故事》。1991 年，我在加州大学伯克利的美国数学研究所访问，和他任教的圣何塞大学相距不远。我们曾相约在斯坦福大学见面，可是机缘不适，未能成功。我们真正握手见面，要到 2008 年的上海交通大学才实现。不过，尽管我们见面不多，却是长年联络、信息不断的文友。

　　说起信明教授的治学经历，颇有一点传奇色彩。他出生于新加坡，在马来西亚和新加坡两地度过中小学时光，高中进的是中文学校。在留学加拿大获得数学硕士学位后，去法国南巴黎大学从事了 7 年半研究工作。以后又在美国哥伦比亚大学攻取计算机硕士学位，1984 年获得史蒂文斯理工大学的数学博士学位。长期在加州的圣何塞州立大学担任电子计算机系教授。这样，他谙熟英文、法文和中文，研究领域横跨数学和计算机科学，先后接受了欧洲大陆传统数学观和美国数学学派的洗礼，因而兼有古典数学和现代数学的观念和视野。

值得一提的是，信明先生在法国期间，曾受业于菲尔兹奖获得者、法国大数学家、数学奇人格罗滕迪克（A. Grothendieck）。众所周知，格罗滕迪克是一个激进的和平主义者，越战期间会在河内的森林里为当地的学者讲授范畴论。1970 年，正值研究顶峰时彻底放弃了数学，1983 年出人意料地谢绝了瑞典皇家科学院向他颁发的克拉福德（Crafoord）奖和 25 万美元的奖金。理由是他认为应该把这些钱花在年轻有为的数学家身上。格氏的这些思想和作为，多多少少也影响了信明先生。一个广受欧美数学训练的学者，心甘情愿地成为一名用中文写作数学故事的业余作家，需要一点超然的思想境界。

信明先生的文字，我以为属于"数学散文"一类。我所说的数学散文，是指以数学和数学家故事为背景，饱含人文精神的诸如小品、随笔、感言、论辩等的短篇文字。它有别于数学论文、历史考证、新闻报道和一般的数学科普文字，具有更强的人文性和文学性。事实上，打开信明先生的作品，一阵阵纯朴、真挚的文化气息扑面而来。其中有大量精心挑选的名言名句，展现出作者深邃的人生思考；有许多生动的故事细节，展现出美好的人文情怀；更有数学的科学精神，点亮人们的智慧火炬。这种融数学、文学、哲学于一体的文字形式，我心向往之。尽管"数学散文"目下尚不是一种公认的文体，但我期待在未来会逐渐地流行开来。

每读信明先生以李学数笔名发表的很多文章，常常折服于他的独特视角和中文表达能力。在某种意义上说，他是一位"世界公民",学贯中西,能客观公正地以国际视野,向华人公众特别是青少年展现当今世界上不断发生着的数学故事。他致力于描绘国际共有的数学文明图景,传播人类理性文明的最高数学智慧。

步入晚年的信明先生,身体不是太好,警报屡传。尤其是视力下降,对写作影响颇大。看到他不断地将修改稿一篇篇地发来,总在为他的过度劳累而担忧。但是,本书的写作承载着一位华人学者的一片赤子之情。工作只会不断向前,已经没有后退的路了。现在,这些著作经过修改以后,简体字本终于要在大陆出版了,对于热爱数学的读者来说,这是一件很值得庆幸的事。

2013年的夏天,上海酷热,最高气温破了40℃的纪录,每天孵空调度日。然而,电子邮箱里依然不断地接到他发来的各种美文,以及阅读他修改后的书稿。每当此时,心境便会平和下来,仿佛感受了一阵凉意。

以上是一些拉杂的感想,因作者之请,写下来权作为序。

张奠宙
于华东师范大学数学系

前言

　　《伊利亚特》第 18 章第 125 行有这样一句话："You shall know the difference now that we are back again."中国新文化运动的老将之一胡适这样翻译："如今我们回来了,你们请看,要换个样子了!"这句话很适合这套书的情况。

　　这书的许多文章是在 20 世纪 70 年代为香港的《广角镜》月刊写的科学普及文章,当时的出发点很简单：数学是许多学生厌恶害怕的学科。这门学科在一般人认为是深不可测。可是它就像德国数学家高斯所说的："数学是科学之后",是科学技术的基础,一个国家如果要摆脱落后贫穷状态,一定要让科技先进,这就需要有许多人掌握好数学。

　　而另外一方面,当时我在欧洲生活,由于受的是西方教育,对于中国文化了解不深入、也不多,可以说是"数典忘祖"。当年我对数学史很有兴趣,参加法国巴黎数学史家塔东(Taton)的研讨会,听的是西方数学史的东西,而作为华裔子孙,却对中国古代祖先在数学上曾有辉煌贡献茫然无知,因此设法找李俨、钱宝琮、李约瑟、钱伟长写的有关中国古代数学家贡献的文章和书籍来看。

我想许多人特别是海外的华侨也像我一样，对于自己祖先曾有傲人的文化十分无知，因此是否可以把自己所知的东西，用通俗的文字、较有趣的形式，介绍给一般人，希望他们能知道一些较新的知识。

由于数学一般说非常的抽象和艰深，一般人是不容易了解，因此如果要做这方面的普及工作，会吃力不讨好。希望有人能把数学写得像童话一样好看，让所有的孩子都喜欢数学。

这些文章从 1970 年一直写到 1980 年，被汇集成《数学和数学家的故事》八册。其中离不开翟暖晖、陈松龄、李国强诸先生的鼓励和支持，真是不胜感激。首四册的出版年份分别为 1978、1979、1980、1984，之后相隔了一段颇长的日子，1995 年第五册印行，而第六及第七册都是在 1996 年出版，而第八册则成书于 1999 年。30 多年来，作品陪伴不少香港青少年的成长。

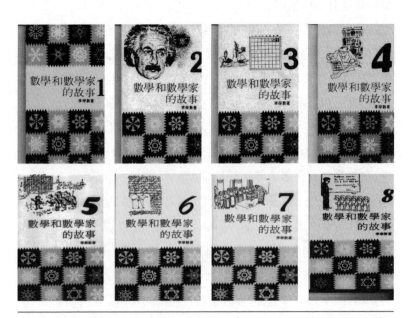

广角镜出版社的《数学和数学家的故事》

这书在香港、台湾及大陆得到许多人的喜爱。新华出版社在1999年把第一册到第七册汇集成四册，发行简体字版。

新华出版社的《数学和数学家的故事》

20世纪70年代缅甸的一位数学老师看我介绍费马大定理，写一封长信谈论他对该问题的初等解法，很可惜他不知道这问题是不能用初等数学的工具来解决的。

80年代，我在新加坡参加数学教育会议，遇到来自中国黑龙江的一位教授，发现他拥有我的书，而远至内蒙古偏远的草原，数学老师的小图书馆也有我写的书。

90年代，有一次到香港演讲，进入海关时，一个官员问我来香港做什么，我说："我给香港大学作一个演讲，也与出版社讨论出书计划。"他问我写什么书，我说："像《数学和数学家的故事》，让一般人了解数学。"他竟然说，他在中学时看过我写的书，然后不检查我的行李就让我通过。

一位在香港看过我的书的中学生，20多年后仍与我保持联络，有一次写信告诉我，他的太太带儿子去图书馆看书，看到我书里提这位读者的一些发现，很骄傲地对儿子讲，这书提到的人就是你的父亲，以及他的数学发现。这位读者希望我能够继续写下去，让他的孩子也可以在阅读我的书后喜欢数学。

前两年，我去马来西亚的马来亚大学演讲，一位念博士的年轻人拿了一本我的书，请我在泛黄的书上签名。他说他在念中学的时候买到这书，我没有想到，这书还有马来西亚的读者。

距今已 700 多年的英国哲学家罗杰·培根（Roger Bacon，1214—1294）说："数学是进入科学大门的钥匙，忽略数学，对所有的知识会造成伤害。因为一个对数学无知的人，对于这世界上的科学是不会明白的。"

黄武雄在《老师，我们去哪里》说："我相信数学教育的最终改进，须将数学当作人类文化的重要分支来看待，数学教育的实施，也因而在使学生深入这支文化的内涵。这是我基本的理论，也是促使我多年来从事数学教育的原始动力。"

本来我是计划写到 40 集，但后来由于生病，而且因为在美国教书的工作繁重，我没法子分心在科研教学之外写作，因此停笔近 20 年没有写这方面的文章。

华罗庚先生在来美访问时，曾对我说："在生活安定之后，学有所成，应该发挥你的特长，多写一些科普的文章，让更多中国人认识数学的重要性，早一点结束科盲的状况。虽然这是吃力不讨好的工作，比写科研论文还难，你还是考虑可以做的事。"

我是答应他的请求，特别是看到他写给我义父的诗：

三十年前归祖国，而今又来访美人，
十年浩劫待恢复，为学借鉴别燕京。
愿化飞絮被天下，岂甘垂貂温吾身，
一息尚存仍需学，寸知片识献人民。

我觉得愧疚，不能实现他的期望。

陈省身老前辈也关怀我的科普工作，曾提供许多早期他本身的历史及他交往的数学家的资料。后来他离开美国回天津定居，并建立了南开数学研究所。他曾写信给我，希望我在一个夏天能到那里安心地继续写《数学和数学家的故事》，可惜我由于健康原因不能成行。不久他就去世，我真后悔没在他仍在世时，能多接近他。

2007年我在佛罗里达州的波卡·拉顿市（Boca Raton）参加国际图论、组合、计算会议，普林斯顿大学的康威教授听我的演讲，并与姚如雄教授一起共进晚餐，他告诉我们他刚得中风，因为一直觉得自己是25岁，现在医生劝告少工作，他担心自己时间不多，可还有许多书没有来得及写。

我在2012年年中时两个星期内得了两次小中风，我现在可以体会康威的焦急心理，我想如果照医生的话，在一年之后会中风的机会超过40%，那么我能工作的时间不多，因此我更应抓紧时间工作。

看到2010年《中国青年报》9月29日的报道：到2010年全国公民具备基本科学素质（scientific literacy）的比例是3.27%，这是中国第八次公民科学素质调查的结果，调查对象是18岁到69岁的成年公民。

这数字意味着什么呢？每100个中国人，仅有3个具有基本科学素质，每1 000个中国人，仅有32个具备基本科学素质，每10 000个中国人仅有320个，每100 000个人仅有3 200个。你可估计中国人有多少懂科学？

在1992年中国才开始搞公民科学素质调查，当年的结果令人难过，具有基本科学素质的比例是0.9%，而日本在1991年却有3.27%。经过十年努力，到2003年，中国提升到1.98%，2007年提升到2.25%，2010年达到3.27%。

我希望更多人能了解数学，了解数学家，知道数学家在科学上扮演的重要角色。我希望能普及这方面的知识，以后能提高我们整个民族的数学水平。在写完第八集《数学和数学家的故事》时我说："希望我有时间和余力能完成第九集到第四十集的计划。"

由于教学过于繁重，身体受损，为了保命，把喜欢做的事耽搁了下来，等到无后顾之忧的时候，眼睛却处于半瞎状态，书写困难，因此把华先生的期许搁了下来，后来两只眼睛动了手术，恢复视觉，就想继续写我想写的东西。

这时候，记忆力却衰退，许多中文字都忘了，而且十多年没有写作，提笔如千斤，"下笔无神"，时常写得不甚满意，而我又是一个完美主义者，常常写到一半，就抛弃重新写，因此写作的工作进展缓慢。由于我把我的藏书大部分都捐献出去，有时候要查数据时却查不到，这时候才觉得没有好记忆力真是事倍功半，等过几天去图书馆查数据，往往忘记了要查些什么东西。

而且糟糕的是眼睛从白内障变成青光眼，白内障手术根治之后，却由于眼压高而成青光眼，医生嘱咐看书写字时间不能太长，免得加速眼盲速度，这也影响了写作的速度。

我现在是抱着"尽力而为"的心态，也不再求完美，尽力写能写的东西，希望做到华罗庚所说的"寸知片识献人民"，把旧文修改补充新资料，再加新篇章。

感谢陈松龄兄数十年关心《数学和数学家的故事》的写作和出版。我衷心感谢上海科学技术出版社包惠芳女士邀请我把《数学和数学家的故事》写下去，如果没有她辛勤地催促和责编的编辑工作，这一系列书不可能再出现在读者眼前。感谢许多好友在写作过程中给予无私的协助：郭世荣、郭宗武、梁崇惠、邵慰慈、邱守榕、陈泽华、温一慧、高鸿滨、黄武雄、洪万生、刘宜春和谢勇男几位教授以及钱永红先生等帮我打字校对及提供宝贵数据，也谢谢张可盈女士的细心检查，尽量减少错别字，提高了全书的质量。

希望这些文章能引起年轻人或下一代对数学的兴趣和喜爱，我这里公开我的邮箱：lixueshu18@sina.com，或 lixueshu18@163.com，欢迎读者反馈他们的意见及提供一些值得参考的资料，让我们为陈省身的遗愿"把中国建设成一个数学大国"做些点滴的贡献。

目录

1 21世纪中国数学展望

21 世纪中国数学会怎样

有些年轻的朋友问我：中国进入 21 世纪，她的数学会是怎样的？

从事数学研究的人，时常喜欢预测一些命题可能的结果，我们往往有许多猜想，可能正确也可能错误。如果猜想被证明是正确无误，我们往往兴高采烈；如果被指出是错误，我们也不灰心，再提出一些猜测。

数学是中国人专长

如果我要预测的话，我会说："进入 21 世纪，中国数学会迅速发展，中华民族会在世界科技舞台上有更多的卓越表现。数学是中国人擅长且喜欢的学科，只要社会认识到其重要性，一定自然会培养出许多人才来。"

在近代有许多老前辈曾为当时中国科学的落后、国力的衰弱而抒发一些见解。有一位在 1912 年曾任孙中山临时大总统府秘书的年轻人——任鸿隽(1886—1961)，他在 1914 年留学美国康奈尔大学，学习理化，感到当时中国的科学落后，联合杨杏佛、赵元任、胡明复等组织了科学社，目的是联合海外学子为中国科学的振兴及开启民智尽点绵力。

在 1915 年的《科学》创刊号上，任鸿隽作为中国科学社的社长写了一篇题为《论中国无科学之原因》的专题文章。

他认为这原因是："自秦汉以后，人心梏于时学，其察物也，取其当然而不知其所以然，其择术也，骛于空虚而引避实际。"

"文人学者多钻研故纸，高谈性理，或者如王阳明先生之格物，独坐七月；颜习斋之讲学，专尚三物，即有所得，也和科学知识风马牛不相及。"

"或搞些训诂，为古人作应声虫，书本外的新知识，永远不会发现。"

任鸿隽等创刊人及振兴中国科学的《科学》创刊号

中国数学从什么时候开始落后了

中国的数学源远流长,从五六千年前结绳计数,到夏商时以甲骨记载大数字,后来由于农耕的需要,几何算术得到了发展,到宋元时期,许多数学成果领先当代。可是到了明朝八股取士的制度一开,中国的数学就此一落千丈。

日本数学家三上义夫(Y. Mikami,1875—1950)在他的名著《中国算学之特色》一书中写道:"中国之算学,历史甚长,且生于伟大文明系统中,然不能比较丰富发达者,其主因盖在中国算学家,多不以算学为专业,此种意见,或亦非过言。"

他讲的并不错,翻看中国数学史典籍,随便举出一些有名的数学家,比方说唐朝有名的天文历算家一行,他是密教五祖之一,他并不是专门钻研数学,花在佛学的钻研时间就多过数学。

南宋的大数学家秦九韶,是在当官时发现军事部署、财政管理、建筑工程如果不进行计算会造成"财蠹力伤",而且计算的失误"差之毫厘,失之千里",对公私都会造成损害,从而精研数理以便"通神明,顺性命",并利用它来"经世务"。

毛子水头像

1955年,毛子水先生在《中国科学思想》一文中说,中国的科学落后是有以下的五个原因:

(1)政治方面——中国自秦以来,大半时间是天下统一。一个统一的天下,人民就会因袭故常,不想出奇技淫巧以相尚。和欧洲各国分立的时期多，便要出奇制胜相竞争，有竞争就有进步。

（2）社会方面——中国社会是农业社会，人民乐于"日出而作，日入而息，凿井而饮，耕田而食"，所追求的不外是牛羊的肥美，工具也止于精良的犁耙，容易满足现状。而科学的发展则是追求不断的创新，永无知足的时候，所以中国的社会结构，也是不利科学的发展。

（3）考试制度方面——中国的科举考试是士人出身的唯一途径，而考试的范围却没有科学的科目在内，自然打击读书人研究科学的兴趣，即使唐代考试中有明算，但程度浅易。

最重要的是，整个考试制度是以考经史为主，自然科学在这种情况下，发展当然不理想了。

（4）教育制度方面——西方的学校和专业学会，正是孕育科学的地方，而这些机构在民国以前五六十年是不存在的。

中国古代的学校只教导"修己治人之方"，注重的是道德修养、处世之道，至于研究自然事物的学问，是比不上西方。西方的各种专业学会，更是中国一直没有的，所以自然科学不发达。

（5）经济方面——科学的研究是基于两个原因，一是需要，二是人类的好奇心或是求进心。日常生活中有这种那种的需要，我们就会发明这种或那种的东西来满足需要。好奇心则是人人皆有，中国人也不例外，四大发明莫不是源于此。

可是科学研究的精益求精，更有赖于充裕的经济力量，办学校要钱，研究工作也需要钱。

中国在近代也建立了不少大学，科学的研究工作也付出了不少时间，但当时中国是处于内战连年、外患不断的时期，政府的财政已经入不敷出，对教育的经费自然缺少。中国近百年来，长期处于内忧外患之中，经济不能健康发展，自然科学研究也就落后了。

难以普及的致命伤

中国数学在这方面落后西方是说得通的。可是李约瑟(Joseph Needlam)教授在他的《中国科学技术史·第三卷数学》(*Science and Civilization in China*, *Vol. 3 Mathematics and the Sciences of the Heavens and Earth*)里提出了一个原因："……(中国)道家人物隐居在山林中的庙宇里，具有明显的浪漫主义因素。他们虽然忙于炼丹炉的工作,但也激发了诗人的灵感。数学家们则似乎是十分平凡而讲究实际的人,他们只不过是地方官的属员。他们的写作风格是非常缺乏文采的……中国的数学知识很少是用诗写的……"

李约瑟教授

中国的数学书除了明朝程大位的《算法统宗》有以诗歌的形式写一些数学问题及解法之外,其他的书都是不容易让人读懂的,这是难以普及的致命伤。

1980 年,陈省身先生在北京大学、南开大学及暨南大学演讲时指出:"数学不同于音乐或美术。数学的弱点是一般人无法了解。"

在这方面数学家所做的通俗化的工作是值得赞扬的,但一般人总与这门学问隔着一段距离,这是不利于发展的。数学是一个有机体,要靠长久不断的发展才能生存,所以数学需要普及化。

中国数学突飞猛进要注意两大问题

中国的近代数学发展比日本晚，但中国数学家的研究范围广，有杰出的成就，缺点是人数太少。比较起来，美国数学学会的会员人数多达近万人！

要使中国数学突飞猛进，我个人认为，应注意以下两点：

第一，要培养一支年轻的队伍。成员要有抱负、有信心、肯牺牲，不求个人名誉和利益。要超过前人，青出于蓝而胜于蓝。

第二，要国家的支持。数学固然不需要大量的设备，但亦需要适当的物质条件，包括图书的充实、研究空间的完善，以及国内和国际交流的扩大。一人所知所能有限，必须和衷共济，一同达成使命。

"我们希望在 21 世纪看见中国成为数学大国。"

这是老一辈的数学家对中国数学未来的殷切期望。

数学发展关乎国家昌盛

法国著名的军事家和政治家拿破仑平日喜欢数学，常与数学家交游。他说："数学的发展与至善是和国家的繁荣昌盛密切相关的。"他建立了培养法国军官工程师的"工艺学校"，并网罗了最好的数学家来当教授。

在 100 多年前创立的美国西点军校，很早就把数学列为学生所必修的基础课程之一。在 1834 年学校的章程中指出："所以这样做，正是因为数学的学习能严格地培训学员们把握军事行动的能力与适应性，能使学员们在军事行动中的那种特殊的活力与灵活的快速性互相结合起来，并为学员们进入驰骋于高等军事科学领域而铺平道路。"

事实上，在 2 500 多年前辅佐齐桓公的政治家管仲，就对数学在治国强兵的重要性有深刻的认识。许多人读过他讲的"衣食足而知荣辱"（只有在提升老百姓的生活质量之后，使他们丰衣足食，我们才能提高他们的道德质量），在《管子》里的《七法篇》，他说："刚柔也、轻重也、大小也、实虚也、远近也、多少也，谓之计数。"表示数学现象出现在各处，要办好事，非掌握资料不可。

在《山国轨篇》，他更发挥以下的看法："田有轨、人有轨、用有轨、乡有轨、人事有轨、币有轨、县有轨、国有轨。不通于轨数而欲为国，不可。"这里，轨是指具体数量标准，要治国必须心中有数，掌握各种轨数。

在《七法篇》中，他还强调："能治其民矣，而不明于兵之数，犹之不可……故曰：治民有器，为兵有数。"

我们再回来看拿破仑的话，他说数学的发展与至善是和国家的繁荣昌盛有关。如果国家衰弱、民不聊生，很难发展数学，反过来数学蓬勃发展也能为国家创造财富改善民生。

最好的例子是以现在蓬勃发展的应用数学——运筹学来说。这门数学分支可以简单地说是用科学的方法来决定在资源不充分的情况下如何最好地设计人及机械的调动安排，并使之最好地运行的一门科学。

早在 20 世纪 30 年代时苏联列宁格勒大学教授康托洛维奇(L. Kantorovich, 1912—1986)对生产中提出大量的组织与计划生产性的问题进行了研究。他本身是数学家，也是经济学家，他当时利用创立的非经典数学分析的方法对生产配置、原料的合理利用以及运输计划、播种面积分配等问题给出了数

康托洛维奇

学模型和确定最优解的具体方法。他在 1938 年创立线性规划，1939 年出版的《生产组织与计划中的数学方法》可以说是最早的运筹学理论著作。

可是当时这样的工作未得到重视，一些不学无术的人对康托洛维奇横加批评指责，他在 1941 年写的运筹学讲义，结果在 1959 年才获出版。1971 年才成为苏联经济计划所成员，1975 年他与美国的库普曼斯（T. Koopmans）共同获得诺贝尔经济学奖。

数学应用到商业，促成运筹学和管理科学诞生

1945 年由于战争需要军事、经济全面动员，美国数学家独立发展了线性规划，1947 年在美国空军管理部的丹齐格（G. B. Dantzig，1914—2005）做出了解决线性规划问题的单纯形法。后来他在斯坦福大学任教，许多人跟进这方面的研究，发现很多的生产问题都可化成线性规划问题来解决，这些结果在经济应用中获得成功，每年获得的效益在 10 亿美元以上。

1984 年的美国"数学科学资金来源特别委员会"报告书指出：

"把丹齐格在 1947 年提出的单纯形法的线性规划最优化技术，运用到各种工商业活动中，从选择轮船队的最佳航线和工厂机器的最优使用，到运输系统的合理调度，都发挥了作用，提高了管理决策的水平。"

以后非线性规划和整数规划的发展，各种解决非线性函数极值问题的有效方法的出现，使应用范围更为扩大，并促成了研究活动十分活跃的运筹学和管理科学的诞生。

上述方法，还有对策论和其他一些理论，均是很有价值的生产工具，可以用到炼油和其他化工生产过程中去，甚至用到服装的设计和生产中去；它们还是管理工具，从制定汽车运行时刻表，到确

定军事战术,甚至管理股票市场,都有它们的用武之地。

搬过来消化吸收再创造

在 20 世纪,中国还不是数学大国,与同时期的日本比还是有差距的。

在 1988 年 8 月举行的"21 世纪中国数学展望"活动中,曾留学美国普林斯顿大学及担任过中国数学研究所所长的北京大学教授程民德(1917—1998)演讲时谈到中日数学的对比:

有人说,日本发展成经济大国只抓技术研究,少抓基础理论,对基础数学很少顾及。事实究竟如何呢?

中国的洋务运动和日本的明治维新(1868 年)都发生在 19 世纪 60 年代。在发展工业、采用西方技术上几乎同时。例如 1862 年日本始造蒸汽军舰,而中国的江南造船厂的前身也于 1865 年在上海设立,相距不过 3 年。但在对数学的重视和扶植上则差距大。

日本在 1873 年基本普及西方数学,而中国则迟至 1911 年辛亥革命之后。日本数学会成立于 1877 年,而中国数学会迟至 1935 年成立。

日本的东京大学成立于 1877 年,中国的北京大学到了 1912 年始成立(其前身京师大学堂成立于 1898 年)。日本学士院(科学院)成立于 1897 年,开始设博士学位;中国的北平研究院迟至 1928 年方成立,至于第一批博士竟到了 1983 年才正式授予,落后于日本近一世纪。

日本的高木贞治(1875—1960)于 1898 年到德国跟大数学家希尔伯特(D. Hilbert,1862—1943)学代数数论,回国后完成类域论,1920 年即成为世界第一流数学家。

而中国在民国以前到国外留学研习数学而有科研成就者几无

高木贞治

一人。五四运动（1919 年）前后才在中国本土设立数学系！

讲到历史，我们可以翻翻曾出使到日本的清朝官员黄遵宪在 1878—1895 年写的《日本国志》。在他的《邻交志序》说到日本："中古以还瞻仰中华，出国之车冠盖络绎，上自天时、地理、官制、兵备，暨乎典章制度、语言文字，至于饮食居处之细，好玩游戏之微，无一不取法于大唐。近世以来对结欧美、公使之馆衡宇相望，亦上自天文、地理、官制、兵备，暨乎典章制度、语言文字，至于饮食居处之细，好玩游戏之微，无一不取法于泰西。"

有维新思想的黄遵宪相当中肯地比较中日："持中国与日本较，规模稍有不同。日本无日本学，中古之慕隋唐，举国趋而东；近世之拜欧美，举国又趋而西……若中国旧习，病在尊大，病在固蔽，非病在不能保守也。"

日本史学家井上清在《日本历史》一书中，解释日本和中国接触西方差不多同时，可是走得比中国快的原因：

日本和美索不达米亚、埃及、印度和中国的文明起源时代比较，落后了两千年到四千年……

日本人贪婪地学到了朝鲜、中国、印度以及后来的先进文明，就使得日本历史的发展异常迅速……

日本经常是模仿先进的文明，这件事似乎应以自卑的口气加以叙述。但是吸收先进文明这件事，恰恰证明了日本人的能力。

我们现在还是要像鲁迅先生讲的实行"拿来主义"，别人别国有的优点，我们就搬过来，消化吸收再创造。

我们不能再犯以前闭关妄自尊大的毛病，也不该有开关之后惊骇别人的进步而妄自菲薄的自卑心理。就像我年轻时写的诗：

"幽古伤怀宜断肠，思今图强应加鞭。"要赶上国际水平，就要有奋发的精神，勤奋地培育下一代，并鼓励更多的数学工作者理论结合实践去解决实际生产的问题，而不是埋首于书房做推导的游戏。

单纯理论研究容易使人空乏

这不是指形式上要数学工作者上山下乡，而是让他们接触到一些应用部门，以及生产线、服务业、市场经济领导决策等领域所产生的问题，他们就会发现单纯的理论研究容易使人产生空乏的感觉，只要能扎根于生活，他们就会有不断的课题可供研究，他们的数学生命就不会很快地枯萎了。

在1993年5月，中国数学界老前辈苏步青(1902—2003)在和华东师范大学张奠宙教授讨论"中国数学现在应该怎么搞"时，谈了自己的看法。

他说："首先，数学要联系实际，联系中国经济发展的实际。数学与经济不是没有关系，而是大有关系。现在不少人在搞图论，如能真的用到上海的交通管理上去，该有多好！

数学应该发展的东西很多，如控制论、系统科学、离散数学等。物理上要求发展一些非线性科学，如孤立子理论等都很重要。

我们过去搞一个计算几何，现在已经落后了。现在工厂里做一个曲面，用计算机模拟一下就搞出

苏步青

来，不用那个解析式的数学模型。你还在搞孔斯（Coons）曲面、贝齐耶（Bézier）曲面，但实际使用的不是这一套，雷诺公司也不用了，他们用的一套叫作应用几何。

基础理论当然要搞，我主张少而精，不能老是跟在人家后面，拾人牙慧。基础数学研究队伍要精干些，保持稳定……对一些古典的，没有解决的纯数学问题，让少数人去搞……

基础理论研究怎样与实践相结合的问题很重要，华罗庚先生与王元先生曾经搞过数论在积分计算上的应用。我看蛮好，恐怕应当进一步发展。至于一般的解析数论，和我们的几何一样，也有一个如何发展的问题。"

对于中国数学教育，他认为："数学教育不改不行。过去教的数学都是欧几里得式的演绎体系，从公理公设开始，一点点演绎。把数学搞成很难的东西。这样搞法我看不行。因为很多事情不可能由你的假设出发，适合你搞出来的定理。数学应当是很生动很实际的东西。

数学教育发展到今天，使数学不再是那么难学的科目了。数学并不比物理学、生物学难学。当然，这需要大家努力。"

中国的数学教育需要改革

美国为什么在 20 世纪 50 年代之后能保持它的科学实力？关键因素是注重中学前、中学和大学的高质量的科学和数学教学。

早在 1945 年 7 月，一份呈送给当时总统杜鲁门的题为《科学：无限广袤的新开发区》的报告，布什博士（Dr. V. Bush）写道："中学里数学和科学的不良教学很易损害学生的科学才能，这种教学既不能激起学生对科学的兴趣，又不能给学生以良好的指导。全面改进科学已成为刻不容缓的事，要成为一名第一流科学家，就必须及早取得一个良好的开端,而一个良好的开端意味着在中学里受到良好的科学训练。"

因此,苏步青教授认为数学教育需要改革,不改不行,教材要改得生动、联系实际,这见解是正确的。

中国数学在宋元时期曾经有光辉灿烂的历史,到了明清的时候开始落后。21世纪的中国如果要成为一头醒狮——而不是睡狮——欢腾在国际舞台上,它的数学就必须赶上世界水平,这就是陈省身先生于1988年在南开大学讲的:"……要求中国数学的平等和独立。"

数学教育改革,重视数学方法,灵活地把数学和高技术相结合,就会迎来一个姹紫嫣红的中国数学的春天!

2 奇妙的平方数

哪里有数,哪里就有美。

——普罗克洛斯(Proclus)

如果不知道远溯古希腊各代前辈所建立和发展的概念、方法和结果,我们就不可能理解近五十年来数学的目标,也不可能理解它的成就。

——外尔(H. Weyl)

给我最大快乐的,不是已获得的知识,而是不断地学习。不是已有的东西,而是不断地获取。不是已经达到的高度,而是继续不断地攀登。 ——高斯(C. F. Gauss)

平方数

一个数的平方是定义为它自己乘自己,我们列出最初 10 个自然数的平方:

1, 2, 3, 4, 5, 6, 7, 8, 9, 10

对应的平方数是 1，4，9，16，25，36，49，64，81，100。

平方数有许多奇怪和美妙的性质，今天就让我带你去数学王国里拜访这些平方数，让我们对它们有深一层的认识。

首先我要请你乘上一辆"时光机器"（Time machine）。对了，就像电影"*Back to the Future*（回到未来）"那种机器，我要带你到"过去"拜访一些有名的数学家，听他们讲述他们怎样研究平方数，然后带你去"未来"看看你是怎样对这些数字做研究的。

真的，相信我是"数学魔法师"，我有这能力使你走到过去也可以看到未来，但是有些东西我要你暂时保密，天机不可泄漏，因此在你坐进这"时光机器"之前，我要你保证有一些你看到的东西，在时机未成熟时不要随便和其他人说。

对，就算你最好的朋友也不可以说。

"如果违背了怎么样?""违背了，你就会马上把想要讲的东西全部忘得一干二净，结果你讲的东西就变成像神龙一样只见首而不见尾，没有人明白你要说什么。"

"好！你同意我的要求，那么现在请坐进这架'时光机器'，我们要超越时空遨游数学王国了。"

远溯古希腊

在还没出发前，我要你看看几个数：

$$1\ 233 = 12^2 + 33^2$$
$$8\ 833 = 88^2 + 33^2$$
$$956^2 = 913\ 936 \quad 913 + 936 = 1\ 849 = (43)^2$$
$$957^2 = 915\ 849 \quad 915 + 849 = 1\ 764 = (42)^2$$
$$958^2 = 917\ 764 \quad 917 + 764 = 1\ 681 = (41)^2$$

$$959^2 = 919\,681 \quad 919 + 681 = 1\,600 = (40)^2$$
$$960^2 = 921\,600 \quad 921 + 600 = 1\,521 = (39)^2$$
$$961^2 = 923\,521 \quad 923 + 521 = 1\,444 = (38)^2$$

你可以一直续算到 968：

$$968 = 937\,024 \quad 937 + 024 = 961 = (31)^2$$

这是不是很奇妙？以上的结果是一个印度年轻人所发现的，你能找到类似的例子吗？

还有一个很巧妙的是 $(1\,111\,111\,111)^2 = 1\,234\,567\,900\,987\,654\,321$，把它拆成两部分 $123\,456\,790$ 及 $987\,654\,321$，然后把它们加起来，你会得到 $1\,111\,111\,111$ 原来的数！

现在你同意希腊哲学家普罗克洛斯的说法："哪里有数，哪里就有美。"

"好，我们现在要出发了，我要带你到西方世界去，到古代的希腊。希腊在地中海旁，你可以利用这机会去旅游。"

"我们到那里，可以和他们打交道吗？比方说我看到香喷喷的羊肉串我能试一试吗？看到漂亮的姑娘，我可以和她交朋友吗？"

"不行，我们相对那个时代是'未来'，我们就像精灵一样能穿墙过户，人们看不到我们，而且我们也不要影响他们的生活。"

"韦尔斯的'时光机器'把人带到过去，可是如果你不幸踩死古代的一只蝴蝶，以后的历史就会改变。我的'时光机器'只能让你作为一个旁观者，我们的活动不对未来做任何改变，这是稳定的机器，不然天下大乱，我会受到严厉惩罚的。"

"时光机器"转眼就到了海边，我们走出车外，只见山上有一座优雅的别墅，我们走上去，只见一个年轻人正对着不同长度的弦乐器在试典音，另外一个青年正在敲击不同的陶器研究它们发出的声音，然后倒水进去试验不同深度的水声音有什么变化。

"这些人在做什么？"

"他们都是毕达哥拉斯（Pythagoras）派的成员，这是一个宗教及政治团体，他们在研究声学，想发现和数字有什么关系，他们的首领是数学家毕达哥拉斯。"

"是那位发现直角三角形斜边平方等于其他两边的平方和的数学家吗？"

"是的，我们中国人叫那定理为商高定理（即勾股定理）。毕达哥拉斯约在公元前 530 年在意大利南部的克罗托内（Crotona）组织了这个学派，他们研究数学和物理，探索自然的奥秘。这里有三百多个学生。"

我们走近一个有喷水池的园子，看到一个老人在一个凉亭上对一个少年讲话，透过凉亭可以看到前面的地中海，海水澄蓝，习习凉风吹拂在身上令人心旷神怡。

"孩子，我现在要给你看一个很奇妙的东西。"

老人在沙上用树枝写了 1，2，3，4，5，6，7，…（这些都是希腊字，我用"万能翻译机"把它们翻译成现代的语言）。

"你说，什么是奇数和偶数？"

"1，3，5，7，… 都是奇数，偶数是 2 的倍数，像 2，4，6，8，…。"

"对了，我现在要你把 1 点代表 1，3 点代表 3，把这些奇数摆放成一个正方形的样子，你能不能做到？"

"老师，是不是这个样子？"

"是的，你现在发现了什么东西？"

"我发现如果把 1，3，5，7，… 这些奇数加起来，我会得到平方数：

$$1+3 = 4 = 2^2$$

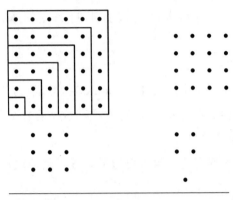

按要求摆放的点

$$1+3+5=9=3^2$$
$$1+3+5+7=16=4^2$$
$$1+3+5+7+9=25=5^2$$

这真是太美妙了!"

"宙斯把许多美妙的东西隐藏起来,然后让我们寻找,我们就像寻找珍宝一样,找到了欣喜若狂。孩子,今天你第一次尝到这个得到真理的快乐的滋味吧!

可惜,我年纪大了不能再从事这样的探索,我要你和其他的哥哥姐姐一起继续寻找,把这些发现记载下来传给以后的人,知道吗?"

这少年点点头,然后扶起毕达哥拉斯带他走进屋里休息。

"毕达哥拉斯相信数字安排宇宙一切事物,对数有特别的崇拜,我想你可能知道他发现毕达哥拉斯定理。他也研究什么样的整数能表示为两个平方数的和,可是这却不是太容易解决的。

在他去世后,对了,他是死于非命,在一次城市暴动中,人们不喜欢他的团体,把他当作异端邪说的首领,虽然他的学生尽力保护他,他还是不幸被人杀死,他的许多学生也被杀害。

他的一些学生跑到别处重新组织起来,可惜新的领袖患有偏执狂,刚才你看到的那位少年,他说 $x^2=2y^2$ 是没有整数解的,可是领袖却竟然以胡说八道的罪名把他丢进大海里去了。"

"我想离开这里到别的地方去。我感到恶心。"

"后来毕达哥拉斯学派发现$\sqrt{2}$，$\sqrt{3}$，$\sqrt{5}$，$\sqrt{6}$，$\sqrt{7}$，$\sqrt{8}$，$\sqrt{10}$，$\sqrt{17}$都是无理数,有时认识真理付出的代价太大了。"

奇怪的墓志铭

我们的"时光机器"在时光隧道呼啸而过,不到一刻钟就停止下来。我们到了一个郊野,草地上开满了黄色和红色的花。

"这么漂亮的地方,我真希望死后能葬在这里。"你呼吸了一口新鲜的空气很愉快地说。

我笑了:"如果你要知道一千年之后现在这是什么地方,你就不想在这里了,这是亚历山大市,埃及的一个大港口,住满拥挤的市民,我们现在所站的地方是阿拉伯人的屠宰场,空气中充满了血腥的臭味、牲畜的哀号,你如果躺在这里,灵魂也不会安宁。"

你睁大眼睛看着我:"真的是这样吗?"

"是的,千年的变迁是很大的,山岳可变成平地,平地可起高楼,整个城市可以消灭。我们现在站的地方在一千年前是基督徒的坟地。来,我带你看一个人的坟墓。"

我们拨开一些长得近一人高的草丛,看到一个上面竖立有十字架的碑石,露出一些碑文。

"怎么上面的字不是埃及的象形文字呢?"

"噢,这里曾被希腊人亚历山大大帝占领过,所以希腊文曾取代了埃及的文字。而我们要看的这个人是一个希腊的数学家。"

"我读不懂上面的文字。"

"没关系,我手上的'万能翻译机'能把它译成中文,你现在看我对准碑文照射,屏幕上会出现译文了。"

只见下面的词句一句一句地被翻译显现出来:

这里的坟中安葬着丢番图(Diophantus),

多么令人惊讶,

它忠实地记录了所经历的道路。

上帝给予的童年占六分之一,

又过十二分之一,两颊长须,

再过七分之一,点燃起结婚的蜡烛。

五年之后天赐贵子,

可怜迟到的宁馨儿,

享年仅及其父之半,便进入冰冷的墓。

悲伤只有用数论的研究去弥补,

又过四年,他也走完了人生的旅途。

"这真是别开生面的墓志铭,只用数字记载他一生的经历。"

"是的,这是他的学生根据他的精神写的墓志铭。丢番图是希腊数学家,年轻时曾到过许多地方,学习了巴比伦、埃及和希腊的数学,年纪大了定居在温暖的亚历山大市,在迪奥尼斯(Dionsiys)主教办的学校教孩子算术。他是一个谦卑的基督徒,因此碑文也就平实地记载他的一生。你知道吗?这碑文事实上也是一个算术题目!"

"啊!真的。如果我用 x 表示丢番图的岁数,我就可以得到一个一元代数方程:

$$\frac{1}{6}x + \frac{1}{12}x + \frac{1}{7}x + 5 + \frac{1}{2}x + 4 = x$$

我算出他是活到 $x = 84$ 岁,活得真长命!"

"我想带你去看他在七十多岁时的生活,请上我的'时光机器'。"

"我们要去哪里?"

"附近的一所希腊式建筑物,那就是迪奥尼斯主教办的学校。"

我们穿过墙壁,走进一间房子里,只见一个七十多岁的老头子,满脸胡子,身上穿着羊皮袄,在纸上计算东西。

"我们可以看他在做什么吗?"

"他就是丢番图,他在写他的巨著《算术》(*Arithmatica*),里面的材料是凝集着他一生的教学经验,以及他在各处所搜集的一些问题,这是作为一本教科书献给迪奥尼斯主教,因为他能关心教育,体恤贫病,是一个好人。"

他正在写一些东西,"万能翻译机"把它翻译成现代的语言是:我们要找两个数 x 和 y,使得任一数的平方加上另一数变成一个平方数。即找 x, y,使得 $x^2 + y = m^2$,$y^2 + x = n^2$。

只见他先设一个未知数是 x,$y = 2x + 1$,因为 $x^2 + (2x + 1) = (x + 1)^2$,然后他要求

$$(2x + 1)^2 + x = 平方数$$
$$4x^2 + 4x + 1 + x = n^2$$

他设 $n = 2x - 2$,于是就把方程变成

$$4x^2 + 5x + 1 = 4x^2 - 8x + 4$$
$$13x = 3$$

于是 $x = \dfrac{3}{13}$,$y = 2 \times \dfrac{3}{13} + 1 = \dfrac{19}{13}$。

他很高兴地把这个结果写进他的书里,羊油脂的灯冒出黑烟,只见他的眼睛不断地流出眼泪。以后的人怎么知道这个孤独的老人为了写一本具有独特方法和见解的书要付出多少心血?

"这本书共有 13 卷,里面有 130 个题目。可是在 150 年之后有 7 卷失传,在这城里出了一个世界上第一位女数学家希帕蒂娅

（Hypatia，370—415），曾批注丢番图的《算术》6 卷，可惜她后来被一些基督徒当作女巫烧死，她的著作也付之一炬没有流传下来。

在欧洲 16 世纪时，人们把它翻译成拉丁文，直到 1973 年有人在伊朗东北的马什哈德的图书馆发现一本阿拉伯文的手抄本，从而补充他的 6 卷中遗失的一些部分。"

"这本书真是难得啊！"

"我们中国有许多珍贵的数学书也失传了，比方说生在希帕蒂娅之后的祖冲之（429—500），他在几何上有着卓越的贡献，算出圆周率 π 的值准确到小数点后七位，得到球的体积公式，可是记载他的成就的书《缀术》到了唐代时却失传了！"

"真可惜。"

"是的，好书如果不广为流传就很容易失传。好，我现在要带你到另外的时代和另外的地区，看看这本书有什么影响。"

会晤费马大师

我把"时光机器"方向盘转向西北方，把时间定向到日期 1640 年 6 月 15 日，地点是法国的图卢兹（Toulouse）市。

"我们现在要拜访谁呢？"

"我要带你去看三百多年前的一位法国市议会的议员。他是一位律师，可是他的业余爱好是数学，因此有空时他就阅读一些古代希腊数学家的工作，并且自己也钻研一些问题。"

"他叫什么名字呢？"

"他名叫费马（Pierre de Fermat，1601—1665）。"

"啊！我知道他，前一段时间报纸和杂志曾提到以他的名字命名的'费马最后定理'（Fermat Last Theorem）终于被一位英国数学家解决了。"

"是的,我们现在就要停留在他的家去看望这位先生。"

我们经过种植梧桐树的院子,走进一座两层刷白粉的房子。费马家是在图卢兹的南端,只见一辆马车过来。

车上坐着一位头戴白假发的中年人,到了费马家门前,他走下来对车夫说:"明天十点前来接我,我十点半要回我的律师馆工作。"

我们尾随他进入屋里,他走进书房就把他的白假发取下给仆人放好,然后接过一杯红葡萄酒喝后就嘱咐仆人:"在晚餐之前,不要让任何人来打扰我,我要在书房工作。"

仆人顺从地把酒杯取走,然后随手关门,费马就坐在桌前,拿起羽毛笔,蘸上墨水继续前晚没写完的信。

"我们能偷看他写些什么吗?"你好奇地问。

"好的! 让我把'万能翻译机'对它照射。"

只见荧幕上出现:

"敬爱的麦爽神甫:

我要告诉你一些对你提出的问题的研究。

你告诉我形如 $2^n - 1$ 的整数,当 $n = 2,3,5,7$ 时都是素数,我检查了对应于 $2,3,5,7$,我计算得 $3,7,31,127$ 果然都是素数。

但是当 $n = 4,6,8$ 时,对应的数是 $15,63$ 及 255,它们都不是素数。

现在告诉你我发现的下面三个定理:

(1) 如果 n 是合数,那么 $2^n - 1$ 是合数。

(2) 如果 n 是素数,则 $2^n - 2$ 会被 $2n$ 整除。

(3) 如果 n 是素数,则除了 $2kn + 1$ 这种形式的数之外,$2^n - 1$ 不能被其他素数除尽。

我在研读博哈特(Bochat)先生校订注释的希腊-拉丁文对照的《亚历山大的丢番图算术 6 卷,多角数 1 卷》的,每次阅读都给我一些惊喜和新发现。

该书第 2 卷第 8 题‘将一个平方数分为两个平方数’引起了我考虑什么数能表示成两个平方数的和的问题。

我断言没有一个形如 $4n+3$ 的素数能表达为两个平方数之和。

对于 $4n+1$ 的素数像 17 和 29，我们有 $17 = 4^2 + 1^2$，$29 = 5^2 + 2^2$。我想形如 $4n+1$ 的素数和它的平方都只能以一种方式表达为两个平方数的和；它的三次方和四次方都能以两种方式表达为两个平方数的和；它的五次方和六次方都能以 3 种方式表达为两个平方数的和；如此等等，乃至无穷。

如果等于两个平方数之和的一个素数乘以另一个也是这样的素数，则其乘积将能以两种方式表达为两个平方数之和。

如果第一个素数乘以第二个素数的平方，则乘积将能以 3 种方式表达为两个平方数之和；若乘以第二个素数的立方，则乘积将能以 4 种方式表达为两个平方数之和；如此等等，乃至无穷。”

“哇！费马律师这么厉害，写下这么多的发现！”

“他刚才提出的断言说，没有一个形如 $4n+3$ 的素数能表达为两个平方数的和是正确的。你可以把整数分成四大类，形如 $4k$，$4k+1$，$4k+2$ 及 $4k+3$。如果取平方数，就只有两类 $4k$ 或 $4k+1$。因此两个平方数的和，只能是形如 $4k$，$4k+1$ 或 $4k+2$ 而不会有 $4k+3$ 的形式！”

“他现在在做什么？”

只见费马站起身走到书架上抽出一本书翻看，然后把书带回书桌，拿起笔在另外一张纸上计算：

$$\left\{ \frac{1}{16}, \frac{33}{16}, \frac{68}{16}, \frac{105}{16} \right\}$$

他喃喃自语："丢番图说这四个数有下面的性质，任意两个数相乘加 1 都会是一个平方数。

$$\frac{1}{16} \times \frac{33}{16} + 1 = \frac{33}{16^2} + 1 = \frac{289}{256} = \left(\frac{17}{16}\right)^2$$

$$\frac{1}{16} \times \frac{68}{16} + 1 = \frac{68}{16^2} + 1 = \frac{324}{256} = \left(\frac{18}{16}\right)^2$$

$$\frac{1}{16} \times \frac{105}{16} + 1 = \frac{105}{16^2} + 1 = \frac{361}{256} = \left(\frac{19}{16}\right)^2$$

$$\frac{33}{16} \times \frac{68}{16} + 1 = \frac{2\,244}{16^2} + 1 = \frac{2\,500}{256} = \left(\frac{50}{16}\right)^2$$

$$\frac{33}{16} \times \frac{105}{16} + 1 = \frac{3\,465}{16^2} + 1 = \frac{3\,721}{256} = \left(\frac{61}{16}\right)^2$$

$$\frac{68}{16} \times \frac{105}{16} + 1 = \frac{7\,140}{16^2} + 1 = \frac{7\,396}{256} = \left(\frac{86}{16}\right)^2$$

这个问题是否有整数解呢？"

只见他在纸上列下一些平方数 1，4，9，16，25，36，…，他写

$$4 - 1 = 3 = 1 \times 3$$

$$9 - 1 = 8 = 1 \times 8$$

$$3 \times 8 + 1 = 25 = 5^2$$

他找到三个数 1，3，8，任何两个的乘积加上 1 都是平方数，是否有第四个数 d，能使 $\{1，3，8，d\}$ 具有以上的性质呢？只见他划掉 6^2，7^2，8^2，9^2，10^2，到了 11^2 他验算：

$$11^2 - 1 = 121 - 1 = 120$$

$$3 \times 120 + 1 = 360 + 1 = 361 = 19^2$$

$$8 \times 120 + 1 = 960 + 1 = 961 = 31^2$$

$$1 \times 120 + 1 = 120 + 1 = 121 = 11^2$$

他很高兴地继续在信中写道：

"我想告诉你另外一个有趣的事实，丢番图知道下面问题的解：任何两个数的乘积加1都是平方数。他给出的答案是以下四个数：

$$\frac{1}{16}, \frac{33}{16}, \frac{68}{16}, \frac{105}{16}$$

而我给出的整数答案是1，3，8，120。

你能不能找出其他的答案呢？"

费马把他的新发现写在丢番图的书上，然后心满意足地离开书房。

"我能不能翻看他的书？"你问我。

"为了满足你的好奇心，你可以翻看书桌上的《算术》那本书。"

只见费马在丢番图的书上写了许多批注，你翻到第2卷第8题发现有一个较长的批注，你问我："是否可以让'万能翻译机'翻译这一段批注呢？"

"好的，这段是用拉丁文写的。"我对着书照射，只见屏幕上出现了：

"相反地，要把一个立方数分为两个立方数，一个四次方数分为两个四次方数。一般地，把一个大于二次方的乘方数分为同样指数的两个乘方数，都是不可能的；我确实发现了一个奇妙的证明，因为这里的篇幅不够，我不能够写在这个底页上。"

"天呀！你现在看到的就是费马提出的'费马最后定理'。"

"他究竟有没有证明呢？"

"费马曾经发明了'无穷下降法'，他可以用这方法证明 $x^4 + y^4 = z^4$ 是没有非零的整数解，因此他以为同样的方法可以对其他的情形都进行证明。

好,我们现在回到 20 世纪的法国,你看在图卢兹市有一个纪念碑纪念费马,这雕像是一个艺术杰作。我们现在要离开这里,带你到另外一个世纪和另外一个地方,看看一个费马的问题解决的情形。"

300 年后解决的费马问题

我把"时光机器"调整到西边的方向,时间设在 1986 年 8 月 14 日,地点是美国加利福尼亚的圣何塞市。

"我们现在要去哪里呢?"

"我要带你到我所居住的城市,这是美国高科技的中心'硅谷',我现在带你到我执教的大学,这里正举行第二届斐波那契(Fibonacci)数及其应用的国际会议。"

"斐波那契数是什么东西呢?"

"这是一个由 1, 1, 2, 3, 5, 8, 13, 21, 34, 55, 89, …组成的数列,从第三项开始,以后的每一项是前面两项的和。

今天有一个人要报告他用斐波那契数解决了费马的一个问题。"

"不是'费马最后定理'吧?"

"不是,那个问题还要等十年后才解决。现在我们上数学系三楼会议大厅看一看。"

只见会议厅里有来自日本、德国、希腊、法国、澳大利亚、英国等国的数学家。

"嘿!里面有一个中国人,为什么没有看到你呢?"

"那位中国人是来自台湾的薛昭雄教授,他现在在美国大学教书。我当天有事没有出席这会议,所以你没有看到我。"

会议主席介绍底下的演讲者:"我们这位演讲者伯恭(G.

Bergun)教授,他是《斐波那契季刊》的主编,也是'斐波那契协会'的主席,现在他要讲的题目是'丢番图的一个问题'。"

"谢谢主席,我这里要讲的工作是我和'斐波那契协会'的全国主席卡尔文·朗(Calvin Long)合作的,我们以这篇文章纪念我们的协会以及季刊的创办人之一霍格特(E. Hoggatt)。

前文已述,在很久以前亚历山大市的丢番图发现 $\frac{1}{16}$, $\frac{33}{16}$, $\frac{68}{16}$ 和 $\frac{105}{16}$ 具有任何两数的乘积加 1 得到一个平方数。费马发现 1,3,8 和 120 也有这样的性质。以后许多人要找寻是否有其他的答案,可是却找不到。1969 年英国数学家达文波特 (Davenport)和贝克(Baker)证明 1,3,8,c 有以上的性质,c 必须是 120。因此在某种意义下费马的解是唯一的。

1977 年霍格特和我发现了这些数和斐波那契数有关系,你看 $1 = F_2$, $3 = F_4$, $8 = F_6$,而 $120 = 4 \times 2 \times 3 \times 5 = 4F_3F_4F_5$。

因此我们猜想 F_{2n}, F_{2n+2}, F_{2n+4} 及 $4F_{2n+1}F_{2n+2}F_{2n+3}$ 会满足以上的性质。快要 10 年了,我总算在朗教授的合作下证明了下面的定理。

【定理】 如果 F_n 表示第 n 个斐波那契数,且 $x = 4F_{2n+1}F_{2n+2}F_{2n+3}$,则我们有

$$F_{2n}F_{2n+2} + 1 = F_{2n+1}^2$$
$$F_{2n}F_{2n+4} + 1 = F_{2n+2}^2$$
$$F_{2n+2}F_{2n+4} + 1 = F_{2n+3}^2$$
$$xF_{2n} + 1 = (2F_{2n+1}F_{2n+2} - 1)^2$$
$$xF_{2n+2} + 1 = (2F_{2n+1}F_{2n+3} - 1)^2$$
$$xF_{2n+4} + 1 = (2F_{2n+2}F_{2n+3} - 1)^2$$ "

全场为这 300 年问题的解决热烈地鼓掌。

飞向未来

"我们已经走过几个过去的地区,你想不想到未来看一看?"

"真的可能吗?"

"当然! 如果你想去的话,我带你到 2019 年去,我们到美国加利福尼亚的一个滨海城市去。"

"时光机器"一下子就到了那个城市,我们走出来,看到一群人往一间大木屋走去,我们就尾随他们,并听到在我们前面一对像情侣的人在讨论。

"我想去海边晒太阳,这里的阳光真暖和。"

"你最好还是不要去,等下有一位中国人要讲他解决的一个数论难题,你错过了要终身后悔。"

"讲的是什么问题呢?"

"他要讲的是推广毕达哥拉斯定理:

在二维空间直角三角形的边有这样的关系:

$$x^2 + y^2 = z^2$$

我们知道除了 $3^2 + 4^2 = 5^2$ 外有无穷多的整数解。

人们问是否能在三维空间找到一个立方体,它的三边都是整数边,三个面的对角线也是整数,而它的体对角线仍然是整数。

化成代数问题就是下面的丢番图方程:

$$x^2 + y^2 = a^2$$
$$y^2 + z^2 = b^2$$
$$z^2 + x^2 = c^2$$
$$x^2 + y^2 + z^2 = d^2$$

是否有正整数解的问题。"

"这问题是不是很简单？"

"错了，许多人花许多工夫都没有解决，用电脑帮助计算也没有结果。这问题如果减少一个条件，比方说不要求体对角线是整数，我曾借助电脑找到最小的解是边长 44，117，240，而体对角线是 $\sqrt{73\,225} \approx 270.6$。除了这个还有无穷多解。"

"如果你不要三条边都是整数，而要求面及体对角线都是整数，你能找到解吗？"

"可以，有人用电脑找到 124，957，$\sqrt{13\,852\,800}$，它的三个面的对角线及体对角线都是整数。"

"那么如果三条边都是整数，但不要求所有的对角线都是整数，比方说有三条对角线是整数，一条对角线是实数，可能找到吗？"

"可以，如果你的立方体边长是 104，153，672 就符合你的要求。事实上，人们发现有无穷多这类的立方体。"

"奇怪，为什么其他弱条件的问题有无穷多答案，在一个加强的条件上问题就变得困难呢？"

"这就是数学美妙的地方，所以你今天要陪我进去听，这位中国人的发现是有一些可以学习的东西的。"

"这是什么地方呢？"

"这里是美国一群爱好数论的数学家每年在这里举办的交流会，吸引了许多国际有名的数学家来参加，人们喜欢这里优美的景色和怡人的天气，另外人们也想去附近的卡美市看他们的银幕英雄克林特·伊斯特伍德（Clint Eastwood）的纪念馆，伊斯特伍德曾是卡美市的市长，这里是值得来玩的。"

"哇，整个厅挤满了人，我们只能在后面看。"

只见大银幕上投影了彩色的幻灯片，讲演者开始叙述这问题的历史：

"……找到三条边及四条对角线都是整数的立方体是一个吸引人且看上去简单的问题，数学家把符合这一条件的立方体称为完美立方体(perfect box)。

不知道这问题是什么时候开始引人注意的，在1719年哈尔克(P. Halcke)发现边长(44，117，240)的立方体是接近完美的。

布罗卡(Brocard)在1895年证明了完美立方体不存在，因为他以为立方体的三边一定互素，就像在二维空间的直角三角形那样。

当然在不正确的假设下，人们可以得到不正确的结果。（全堂哄笑。）

事实上，完美立方体的两边公约数不等于1，而且这数组$\{(xd)^2, (xc)^2, (cd)^2, (bc)^2\}$有这样的性质：任何两个数的差都是一个平方数。

于是人们就来寻找是否有四个平方数有这样的性质，任何两个的差也是平方数。苏格兰数学家利奇(J. Leech)在20世纪70年代在这方面做了许多研究，但未得任何结果。

在1984年科雷茨(I. Korec)宣布了一个惊人的发现，他利用电脑发现，如果完美立方体存在，则其每条整数边长一定大过100万！

我现在和大家分享我的一些研究……"

整个大厅鸦雀无声，大家聚精会神地听这个数学家的演讲。等他讲完之后，大家一致给予热烈的鼓掌，大厅里充满了兴奋的气氛。

你突然拉我的手："这个人的脸很熟，我好像认识他。"

"哈哈！他就是你，5年后的你！你只要现在开始努力钻研，不断地学习，努力攀登，就会像高斯一样在数论上有一些卓越的贡献。

好，我们现在要回到现在，你到了现在之后，会把你看到的未来的方法全忘记。你得一步一步脚踏实地努力钻研。

我很高兴地看到你 5 年后的成功！"

动脑筋想想看

1. 我们观察在一位数当中只有 $1 = (0+1)^2$，而两位数的有 $81 = (8+1)^2 = 9^2$，你是否能找到其他数 $\overline{a_1 a_2 \cdots a_k}$ 具有性质：$\overline{a_1 a_2 \cdots a_k} = (a_1 + a_2 + \cdots + a_k)^2$？

2. 类似于上题，我们考虑有哪些数具有以下性质：$\overline{a_1 a_2 \cdots a_k} = (a_1 + a_2 + \cdots + a_k)^3$？

我这里列下一些例子：

$$512 = (5+1+2)^3 = 8^3$$
$$4\,913 = (4+9+1+3)^3 = 17^3$$
$$5\,832 = (5+8+3+2)^3 = 18^3$$
$$17\,576 = (1+7+5+7+6)^3 = 26^3$$
$$19\,683 = (1+9+6+8+3)^3 = 27^3$$

3. 在 1943 年有一个数学家永格伦（W. Ljunggren）发现 11 和 20 的平方数有下面的性质：

$$1+3+3^2+3^3+3^4 = 1+3+9+27+81 = 11^2$$
$$1+7+7^2+7^3 = 1+7+49+343 = 20^2$$

他证明除了这两个数外，再也找不到 x 和 y 满足下面的等式：

$$1+x+x^2+x^3+\cdots+x^n = y^2$$

你能找出理由证明吗？

4. 你能找到三个数 x，y，z 在 $\{1, 2, 3, 4, 5, 6, 7, 8, 9\}$ 满

足下面的关系式 $x^2 - y^2 - z^2 = x - y - z$ 吗?(有两组答案。)

5. 给出一个数 $\overline{a_1\,a_2\cdots a_k}$,我们定义它的"儿子"为 $a_1^2 + a_2^2 + \cdots + a_k^2$。我们用"$\Rightarrow$"表示 $\overline{a_1 a_2\cdots a_k}\Rightarrow a_1^2 + a_2^2 + \cdots + a_k^2$。

证明在自然数集合 $N = \{1, 2, 3, 4, \cdots\}$ 里任何数 n 经过 "$\Rightarrow$"的带领,它会有一个子孙是 $\{1\}$,或者掉进像 $\{4, 16, 37, 58, 89, 145, 42, 20\}$ 的黑洞里去。

例如:

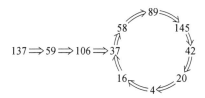

6. 试证明丢番图方程 $x^4 - y^4 = z^2$ 没有非零整数解。

7. 试证明丢番图方程 $x^4 + 4y^4 = z^2$ 没有非零整数解。

8. 试证明丢番图方程 $x^2 - y^2 = z^3$ 有无穷多非零整数解。

3 如何培养学生数学创造力

我小时候是很怕数学的

各位教授、各位老师和各位同学：

我最近一直在想：一个人在世界上能够为这世界做些什么事情呢？我是做数学研究的，传播数学是我的工作，所以我常自称是个数学传教士，我常到各个地方的小学、中学、大学演讲，与不同年龄层次的人分享我的数学经验。

我以前写了很多本《数学和数学家的故事》，本来我最初计划要写 40 本，但是一场病过后，大志就全部没有了。所以现在才写到第 8 本。希望今年可以持续出版。其实我小时候是很怕数学的，算术真的不懂就是不懂，现在有时做梦还会梦到小时候算术考试的情形呢！说到要考试就紧张得要命。我相信很多孩子跟我一样很怕考试，特别是数学考试。考不好或紧张有很多因素，有的是父母逼孩子，有的是学生给自己太大的压力，或者是对课程不懂等。别人我不知道,但是自己当时的情形就是:我是属于"傻大个"那一型,连九九表都不会背,邻座的小女生很早就背得滚瓜烂熟,我连 3×4 都背不出来,我真的是一个很笨的孩子。可是后来为什么会变成数学家呢?其中有些曲折,容后补述。

当时最怕的是鸡兔同笼的问题,鸡兔同笼的问题为什么可怕呢?早在几千年前,我们祖先的名著《孙子算经》里面就有这个问题。小时候老师讲到鸡兔同笼问题的时候,我坐在座位上做白日梦啊!为什么我会做白日梦呢?因为老师讲得太好了,他讲得头头是道,可是对我这种资质不是太好的学生来说,实在很难理解。老师讲解的同时,我心里在想:我们家也有养鸡,总要切菜、切葱喂给鸡吃,鸡兔同笼的时候,鸡应该会啄兔子耳朵……想这个问题正入神时,老师指着我说:"李信明,你出来。黑板上那个问题,头是 35,脚有 94……问鸡、兔各有几只?"我根本不会做,老师就说:"太笨了,手伸出来。"接着打了几下手心,有时候每到要上数学课,我真的想要逃课;如果不能逃课的话,坐在那边真的很怕老师再叫到我,有时候我们要涂万金油之类的东西,就是准备老师打手心可以减轻疼痛。现在我想这些问题,为何老师都总是让学生背公式、套公式,难道我们不能改变一下方式吗? 当然,那时候小学还没学到代数,当你学到代数时这问题就容易了。

"鸡和兔共 35 头,鸡与兔的脚共 94 只,问鸡、兔各有几只?"到现在我还不记得公式是什么。我们有没有一个方法,能教小孩子不要记公式,能让他们有兴趣,而且会喜欢? 当他听到鸡兔同笼问题时,他不怕了也不会尿床了。

用图表示问题中的关系式:

我想在此提供一种教法。我跟孩子们讲故事：有一天农夫李大傻养了一群兔和一群鸡，他想算算有多少只兔子和有多少只鸡。李大傻有个本事，可以叫他养的鸡表演金鸡独立；兔子可以两只脚站起来。如果这样子的话，你看（见本文最后的附录）的第二个关系式会变为

$$\text{🐔} \; + \; \text{🐰} \; = 47$$

接着我辅以肢体动作跟孩子们说，现在金鸡独立的鸡，突然一跳就飞走了，小朋友好高兴，我问孩子们能否看出有什么关系呢？现在鸡飞走了，这与我要计算鸡和兔有什么关系呢？我现在暂时先卖个关子，让你们自己想想看，因为讲故事就是这样，全讲穿了就没什么意思了。法国作家伏尔泰讲过一句话："假如你要成为令人讨厌的人，就把所有的东西都全讲完。"你们再想一下，待会儿结束前我们再谈怎么解决这个问题。

把脑中储存的知识与人分享

今天我主要是想讲一些实践经验，这些经验其实也不完全是我个人的经历，我们不要做"知识的守财奴"，正如诺贝尔和平奖得主埃利·韦塞尔（Elie Weisel）所强调的"把你脑中储存的知识与别人分享"。希望我所提供的一些经验，能让你们成为老师时在教学上会有所帮助。老师如果要教孩子喜爱读书，最好是让孩子们对于读书有兴趣，如果他们没兴趣的话，你是没法子让他学到的。我最近对法国大生理学家贝尔纳（Bernard）老先生说过的话有些体会，他说："良好的方法，能使我们更好地发挥，运用天赋才能；而拙劣的方法，则可能阻碍才能的发挥。因此，科学中难能可贵的创

造性才华,由于方法拙劣,可能被削弱,甚至被扼杀;而良好的方法,则会增长、促进这种才华。"这句话实际上是一个真理,如果能使得我们的学生才华真正发挥的话,他们的创造力才会增长。但是,如果不幸地我们用一些不合理的方法,阻碍他们才能发挥,那我们就可能扼杀了这个人才。

基本上来讲,创造力是没办法教的,所谓的创造力教学,指的是学生要能真正有被鼓励开展并发表他们自己想法的机会,如此才能够发展他们富创造力的才能。

数学实际不是很难

我的朋友黄武雄教授写过《笑罢童年》,后被拍成电影,提到在台湾,上学是艰苦的事,从踏入学校开始,选好班,上补习班,排队不讲话,排名争第一,小考、周考、月考……我看了之后很感慨,虽然台湾学生要经历的那些过程,我没有亲身经历,可是我对于书包越来越沉重,以及计较分数、追求升学……终日竞争那些虚无的分数的现况深深地感到忧心。有个朋友跟我说他的孩子刚要从幼儿园进入小学一年级,问爸爸小学老师是不是都会打人。幼儿就已经开始担心一进入学校老师就要打人,我听了心里很难过。

实际上来讲,数学并不是很难的,有一些方法,可以引起孩子们的兴趣。最重要的是,对我们的孩子,小时候真的要给他好的教育,教导他们,让他们知道要怎么做人。俗语说,"三岁看老"。小时候不教的话,到了 80 岁呢,差不多与 3 岁的时候一样。因为很多人一直认为教书就是尽量给学生知识,实际上并不是,最重要的是帮助他们发现。法国有个作家叫法朗士(Anatole France, 1844—1924)曾说:"知识不是最重要的,最重要的是想象力和创造力(To know is nothing, imagine is everything)。"

法朗士

本来教育应该是令人快乐的,帮助学生学东西的,但实际的情形不是这样。孩子有时候对于读书并不感到快乐,为什么呢? 30 多年前,在纽约有一个学者斯坦利·查尔斯(Stanley Charles)说,一个孩子去学校的时候,是很有创造力的,可是在传统的教学法下被抹杀了,老师给他们一张纸,教他们怎样设计怎样做,结果,每个孩子做出来的东西都是一样的。查尔斯认为这样做并不是一个很好的方法,是违反大自然的,因为到大自然或野外去看,有没有到处只长玫瑰花,或者只长百合花? 不会的,自然界到处都有不同的花草,人也是一样,为什么要孩子的表现都是一样的呢? 这样做无非就是把他们的创造力、才华抹杀掉了。

接着我要讲关于一位好朋友的真实故事,我这位朋友是吴健雄的女高足,她原本在台大念数学,然后到英国念物理,以后到哥伦比亚跟吴健雄学物理。她的大女儿是很聪明的,5 岁就会自己看书了,可是在小学一年级的某一天,妈妈注意到女儿回来很不高兴,问的结果是因为老师处罚她。妈妈隔天找到老师了解情况,老师说:"你的女儿很笨,我不想教她,请把你女儿带到别校去,不要待在我班上。"妈妈听了很生气,心想自己是物理博士,丈夫也是顶尖科学家,怎么可能生出一个笨孩子?

妈妈惊奇地问:"为什么呢?"

老师板着面孔说:"你的小孩真笨,我给小朋友每人一张纸,叫他们折出一半的纸,所有小朋友都知道怎么做。要嘛沿对角线对折;要嘛对折中线,你知道你女儿怎么做的吗? 折纸对折两次,任意折一直线通过交点。给我这样的答案,我

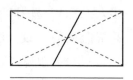

女儿的折纸方法

对她说做错了,告诉她还不高兴。她以后就连作业也不做,上课不专心在发呆,我不想她留在教室影响其他学生。"

我的朋友一看,天呀,老师竟然看不出孩子的做法是对的! 于是不再和老师讨论,气得回家。回到家时,先生就问,你们母女今天好像都很不高兴。妈妈就把今天的事情告诉爸爸,爸爸很冷静地问女儿,你怎么知道这是一半呢? 女儿说,很简单,把剪刀一剪,然后翻过来两张合在一起,$1+1=2$,$1 \div 2 = 1/2$,就是这样嘛。这小女孩给了老师问题无穷多答案,而老师只看到两种,就说这个女孩子是笨蛋。

美国的电话大王贝尔(Alexander Graham Bell)曾经说过一句话:"我们都喜欢沿着大路走,如果可以的话,有一天你偏离道路走向树林去,你就会看到某些你从来没看过的东西,因为我们很喜欢走前人走过的路,这样因循守旧的话,便不会有新的发现。"

今天听我演讲过后你可以对自己或是别人的孩子、学生试试看,如果你要这样做的话,肯定是要付出一点代价的,因为你总要努力勉强自己学点东西,可是我可以保证你会有成果,你开始进步会比较慢,可是以后就会得心应手,而且有可观的效果。

贝尔

当我 20 岁的时候,我自己曾经在差生班教过,其他老师早就已经对这些学生放弃了,我却认为应该对这些真正需要帮助的人雪中送炭。我尝试用我自己的方法,很快地在 1 个月的时间,连最差的学生最后都能赶上前面的班,因为我让程度最差的学生恢复自信心,宁可稍微慢一点也无所谓,等到学生掌握了方法之后,就可以见到效果。很多人说,那是好学生才可以办得到的,你对那些程度差的学生是行不通的,因为他们太笨了,朽木不可雕也,但是你要是从未想过可以雕他,又怎知他不可以雕呢?

我自己曾经对我太太做实验,我太太不是搞数学的,她最多就是在台湾读过高中数学,也不是特别好。有一次我做一个问题,半天做不出来,我没跟她说是一个数学问题,改说我在做一个数学游戏,然后我就交给她去做。没多久,她找到一个方法,我看她的方法不错,就稍加修饰后投到罗马尼亚的数学杂志,这个论文后来登出来了。你如果肯试的话,任何人都可以成功的。

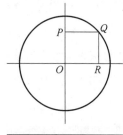

实验图

现在我们做一个实验,不要怕,这是一个非常简单的几何问题:

有一个半径 10 厘米的圆,圆心为 O,若 $OPQR$ 是矩形,则 PR 线段的长度为多少厘米?

假定你是老师的话,拿这个问题给学生做,肯定会有不少学生会讲,设 $Q = (x, y)$,利用勾股定理得到 $OP^2 + OR^2 = PR^2$,试了许久徒劳无功。可是当我们从不同的角度去想,实际上问题可能不致那么复杂。我曾拿这个问题给一个新加坡的大学生,他说我可以设 X, Y, Z; $X^2 + Y^2 = Z^2$,勾股定理……由圆中看 PR 等于 QO,如果看 QO, QO 就是半径嘛!用什么勾股定理,没必要大费周折嘛!实际上来讲,很多问题真的很简单,由这个方向看不出来,就从另一个角度想想,勇敢地尝试看看,往往会有令人振奋的结果。

你希望你的小孩子以后怎样

接下来我要问大家一个问题,你希望你的小孩子以后是怎样的人呢？你希望他是有丰富创造力吧。如果你希望你的孩子有丰富创造力，像爱因斯坦、爱迪生等，你就要了解这些人和常人有什么不同。

那些具有推动社会能力的，都是有丰富创造力的人。不管是政治家、科学家，这些人是能够改变世界的。他们有使命感，有时候会有点以自我为中心，粗枝大叶，不计较一些小事情，而且对事物的推导很感兴趣。他们往往不太受欢迎，人缘也不会太好，因为你叫他向东，他不一定会向东的，甚至会跑向西；考试分数也不高，但是你千万不要因为他分数不高就鄙视他，因为他可能专注于某些重要的思考工作。

最有名的一个例子，要算是法国搞群论的数学家伽罗瓦（Evariste Galois）。我以前在法国时，从巴黎要去奥赛市（Orsay）做研究，每次坐火车都要经过他的家乡皇后镇（Bourg la Reine）。每次经过他家乡时我总会挥挥手向伽罗瓦致敬。伽罗瓦读中学的时候，并不是一个很聪明的孩子，他考试常通不过，可是他尝试想要解决是否能够找出像一元二次方程的求根公式一样，解一元三次、四次、五次等方程。他接触许多这方面的理论，进而发现群论的概念，这对后来的数学发展具有重要影响，但是他却不受人欢迎，22 岁就在决斗中死了。

我的老师亚历山大·格罗滕迪克（Alexander Grothendieck，1928—2014）是法国数学大师，曾获得菲尔兹奖，但从没拿过一个大学文凭。他极富有创造力，他的学生很多都是法国科学院的院士，其中之一德利涅（P. Deligne）还获得菲尔兹奖。格罗滕迪克本身实力很强，他很少读人家的东西，可是你跟他谈论数学问题，他能马上直接告诉你结果应该是什么。我跟他学习的时候，他告诉我必须留在法国十年好好读书，就可以达到他的境界。苦读十年之后，我向我的老师说："我想要走我自己的路了。"他说："对啊！你早就该发现要走你自己的路。"

格罗滕迪克

英国哲学家培根说："一个人跛足而不迷路，必能赶过健步如飞却误入歧途的人。"如果我们的方法是对的，现在开始比较慢，可是最后会越来越快；如果只是用填鸭的方式教孩子，虽然有时可以很快看到像样的考试成绩，但孩子最后就变得像电影里的唐老鸭一样，没有自己的思想与创造力。

我现在出一个逻辑问题让大家看，如果你要教逻辑，可以拿这个问题让学生来解：某个岛上有个奇怪部落，住在西边的人永远说实话，住在东边的人永远说谎话，西边的是老实人，东边的是骗子。有一天有一个女科学家来到他们中间，想请一个人当向导，她不知道他是老实人还是骗子，因为在中间地带看不出此人是老实人还是骗子，她就对他说："你现在往前走，遇到那边的路人时，你就问他住在哪里，然后回来告诉我。"向导回来后回答说："他说他是住在西边的。"你能不能由此判断向导是不是老实人？

另一个问题，是美国小学六年级的比赛题目：有 4 个圈（3 个圈连在一起），打开 1 个圈需 5 分钱，合在一起要 6 分钱，现在要黏成一个大圆圈需要多少钱？候选答案：（a）22；（b）33；（c）44；（d）88。

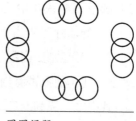

圆圈问题

你们现在马上想想怎么做才会最便宜。不要怕犯错，犯错是好事，因为你错了你就学到了正确的思考方法。我的小学六年级的儿子说答案是44，我问他为什么是44呢？他说将4个圈打开然后黏起来，一共做4次，所以是44。我说，对对对，你很聪明，但你能不能用另一个方法做做看。接着，我做些引导让他回答，3 个打开，然后黏起来，你说多少……他边说边思考着。我说数学就是这样好玩，有时明明你认为是对的，实际往往是错的。

最重要的是创造力

如果各位以后教数学时能帮助学生进行思考的话，他不会只往一个方向去思考，他会想如果这样的话怎么样，那样的话又会怎么样。真正能使他们有不同的想法，也就成功了。有很多方法可以提高他们的创造力，进行不同方向的思考。例如，给他们玩数学游戏，玩数学游戏对智慧的启发是有帮助的。美国著名科学家卡尔·萨根(Carl Sagan)写了很多科普书籍，在去世前讲了一句话，他说："很可惜，在美国假的科学到处充斥，我们有许多问题需要面对，更需要聪明且富创造力的人。"

我 1993 年去台湾时，台北故宫附近有美术馆展览，正巧在展出赵无极的画。赵无极的画在法国是很有名的，我以前在法国就喜欢古典画，不太喜欢抽象画。赵无极认为宋朝之后，大家都在模仿，没有自己的创造力，后来他自己独树一帜，中西合璧，获得中外的赞赏与肯定。我想他的看法是有道理的，最重要的是自己的创造力。我们常说，"己所不欲，勿施于人。"我们受苦的时候，都很希望不要再重蹈，但是当我们对别人的时候，往往忘记了以前的情形，反而把所受的苦加诸别人身上。希望诸位以后当老师的时候，大家能多赋予爱心。

能做到多少就做多少

杜威是一名教育家、哲学家。他说过："使一个不惯于思考的人只能感到沮丧、烦恼的事……对于有训练的探究者来说，是动力的指标，它或是能表露新问题或是有助于解释或发问新问题。"我在大学任教的朋友说他有无力感，学生不听话，他们认为大学"由你玩四年"，有什么好读书的。或许各位以后当老师也会有无力感的时候，实际上你不必悲哀也不必失望，我们能做到多少就做多少，没有人听也没关系，就算他不听全部，只要听到1％，他能用就好了。我希望我们做事情要有乐观正面的想法，不要光看失败，要多看正面，世界上不只是死亡，还有生长；不只有黑暗的，光明的更多。老子说"天地不仁"，只要我们多正面、积极地去看，我们一定会有结果，我们也会成功。

在演讲结束前，我们回顾"谁是老实人"（who's tell the truth）的问题，请看下面的表：

"谁是老实人"

向　导	向东走	向西走
老实人	住在西边	住在西边
骗　子	住在东边	住在东边

向导若是老实人的话，他的回答应该都是西边；反之，则必回答东边。我曾经在课堂上给学生考虑这个问题，有日本学生看到这个问题说"不可能做（noway）"，最后，我把答案说出来，他哈哈大笑，说"我真笨"。实际上很多情形都是这样，你认为不可能（noway）的时候，实际上是应该有一条路的，那路是要自己找出来的。如果你认为没有路，就没有路；如果你认为有路，你就会努力尝试找出来。正如爱因斯坦说："没有难的数学，只有笨的数学家。"

【附录】

《孙子算经》"鸡兔同笼"的解法很巧妙，它是按公式"兔数

（只）＝足数－头数”来算的，具体计算是这样的：鸡数＝头数－兔数。

解答思路是这样的：假如砍去每只鸡、每只兔一半的脚，则每只鸡就变成了"独脚鸡"，每只兔就变成了"双脚兔"。这样，鸡和兔的脚的总数就由 94 只变成了 47 只；如果笼子里有 1 只兔子，则脚的总数就比头的总数多 1。因此，脚的总数 47 与头的总数 35 的差，就是兔子的只数，即 $47 - 35 = 12$（只）。显然，鸡的只数就是 $35 - 12 = 23$（只）了。

（此文是 1997 年 3 月 25 日于台北师范大学数学系的演讲稿，感谢彰化师范大学数学系的梁崇惠和黄丽红协助整理）

4 趣味的质数

······························

自然数列 1，2，3，4，…，应该是人类最早认识的数列。老子的书里就有"一生二，二生三，三生万物"的记载，反映了中国人民很早就认识它了。

在自然数里，根据能否被 2 整除的性质，分成偶数和奇数。一个大于 1 的数如除了 1 和它本身以外，再没有其他自然数能整除它，我们就称它为质数。因此根据这定义，读者很容易找出小于 10 的质数有 4 个，即 2，3，5，7。

在欧几里得（Euclid）的《几何原本》一书里，他介绍了质数的概念，然后用反证法很巧妙地证明了在自然数列里质数的个数是有无穷多个。

西方的数学家一般都认为希腊人是最早懂得质数的民族。可是由最近在非洲出土的一些 6 000 多年前非洲人的骨具，证明了希腊人并不是最早知道质数的民族。

从两块骨头谈起

现在藏在比利时布鲁塞尔的自然历史博物馆的

两块骨头很受考古学家的重视。这些骨头是 1960 年在刚果的爱德华湖畔的伊珊郭(Ishango)渔村所发掘出来的。

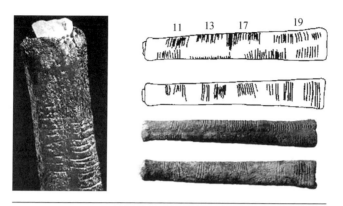

伊珊郭骨头

根据科学方法检定，它们是在公元前 9000 年到公元前 6500 年间非洲人的骨具。把手有规则的凹下刻痕，在顶端有附上一小块的石英。考古学家猜想这是当地的原居民用来作为雕刻或者书写的工具。

这骨具的刻痕引起了人们的兴趣，它们代表什么呢？有什么特殊的含义？我们现在来看看吧！

下边那块骨头有 8 组刻痕，是由 3，6，4，8，10，5，5，7 的线组成。3 和 6 很靠近，隔一段空间就是 4 和 8，然后是 10 及两个 5，再下就是一个 7。很可能刻这刻痕的无名氏想要说明的是 6，8，10 分别是 3，4，5 的 2 倍。

上边那块骨具在左右两侧有不同的刻痕，在左侧有 11，21，19，9 的线的刻痕。在右侧有 11，13，17，19 的刻痕。有人解释这无名氏是要说明 $10+1$，$20+1$，$20-1$，$10-1$ 的结果。

不过令我们产生兴趣的是右侧的刻痕，这些数字都是大于 10 和小于 20 之间的所有质数，我们现在同时看这两块骨具的右侧，出现了 5，7，11，13，17，19 这样一种次序，看来差不多在 1 万年前非洲人民就认识到质数的存在了！

怎样寻找质数

我们在小学时学到任何大于 1 的整数可以唯一分解成为质因子的乘积。质数对乘法来讲就像是组成"整数分子"的"原子"。因此质数是很重要的。

可是人们怎样找出质数呢？

2 000 年前，在埃及有一个叫埃拉托斯特尼（Eratosthenes，公元前 276—公元前 194）的希腊学者，他是亚历山大图书馆的管理员，发现了后来以他的名字命名的筛法，可以把质数从像砂子那么多的整数里筛出来。

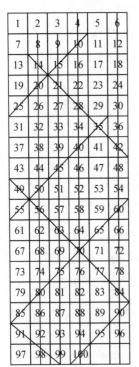

埃拉托斯特尼筛法

他的方法是这样的：写下 1，2，3，4，…直到 N，划去数列中所有 2 的倍数，在 2 之后第一个没划去的数是 3，于是就在这数列中除了 3 之外删去所有 3 的倍数，按着 3 之后的第一个没有被划去的数目是 5，再划去除了 5 以外的所有 5 的倍数。以此类推，一直到不超过 $\sqrt{N}$ 的数目为止，最后留下来的数目，除了 1 外都是不超过 N 的质数。

读者试试用这个方法来寻找所有小于 100 的质数，可以得到像左图那样的情形。

现在有一个问题产生，如果给出一个整数，怎样判断它是否是质数呢？如果我们知道所有小于这个数的开方的质数不能整除这数,那么这给出的数是质数。可是当这数太大时,比方说有 1 亿位数字,那么这方法是太累赘了。目前都是利用计算机来帮忙检验一个数是否是质数。

17 世纪还有位法国数学家叫梅森(Marin Mersenne,1588—1648),他曾经做过一个猜想:当 p 是质数时,$2^p - 1$ 是质数。他验算出了,当 $p = 2,3,5,7,17,19$ 时,所得代数式的值都是质数。后来,欧拉(Leonhard Euler)证明 $p = 31$ 时,$2^p - 1$ 是质数,但 $p = 11$ 时,所得 $2\,047 = 23 \times 89$ 却不是质数。

为了激励人们寻找梅森质数,1999 年 3 月,设在美国的电子新领域基金会(EFF)向全世界宣布了为通过 GIMPS 项目来探寻梅森质数而设立的奖金。它规定向第一个找到超过 100 万位的质数的个人或机构颁发 5 万美元的奖金。后面的奖金依次为:超过 1 000 万位,10 万美元;超过 1 亿位,15 万美元;超过 10 亿位,25 万美元。

欧拉

2008 年 8 月 23 日,美国加州大学洛杉矶分校数学系计算中心的雇员史密斯(E. Smith),通过 GIMPS 项目发现了第 46 个梅森质数 $2^{43\,112\,609} - 1$,这个发现被著名的美国《时代》周刊评为"2008 年度 50 项最佳发明"之一。该质数有 12 978 189 位数,如果用普通字号将这个巨数连续写下来,其长度可超过 50 公里!由于史密斯发现的梅森质数已超过 1 000 万位,他有资格获得 EFF 颁发的 10 万美元大奖。虽然说史密斯是私自利用中心内的 75 台计算机参加 GIMPS 的,但由于为学校争了光,他受到了校方的表彰。目前所知的最大质数是 2013 年 1 月 25 日发现的 $2^{57885161} - 1$。

质数的一个古怪特性

质数有许多奇妙的性质，引起数学家的注意和研究。比方说在 1963 年美国著名数学家乌拉姆（Stanislaw Ulam，1909—1984）

教授在参加一次科学会议时，因为对演讲者报告的一篇又长又臭的论文不感兴趣，为了打发时间，他就在纸上纵横画线打出一些方格子来。

乌拉姆

他最初想要考虑一些象棋的问题，可是后来改变想法，就以中心的 1 作出发点，以反时针方向划螺旋线。不知怎样他把凡是质数的格子圈出来，看看有什么趣味的现象出现。

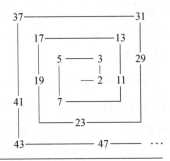

乌拉姆螺旋图

突然间他觉得质数好像是很喜欢挤成直线！如 3 和 11 以及 13，29，53 等可以连成直线。

他想要知道这种现象在 100 以后的数是否会出现，于是他和几个朋友利用阿拉莫斯（Los Alamos）的电子计算机打出从 1 到 65 000 的螺旋图。

实在奇怪,这种现象仍旧出现。我们这里附上电子计算机打出的该图(Ulam spiral)的一部分,包含的数是从 1 到 1 万。每一个黑点代表一个质数,读者从图中很容易看到这种乌拉姆现象。这个图很好用,数学家从这里找出了一些质数的新性质。

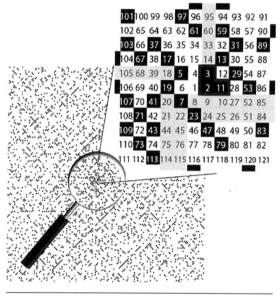

质数喜欢挤成直线

质数在自然数列中的分布

质数在自然数列中分布好像没有什么规则,为了很好地研究它的分布规律,数学家引进了一种重要的数论函数 $\pi(x)$：它是代表不超过实数 $x > 1$ 的质数的个数。例如 $\pi(1.9) = 0$,因为没有一个质数 小于 1.9；$\pi(10) = 4$,读者早知道了不超过 10 的质数有 4 个。

这个函数是递增的,即随着 x 的增大,$\pi(x)$ 的值也跟着不断增大。例如 $\pi(10^9) = 50\,847\,478$，由欧几里得的定理，我们知道当 x 趋向于无穷大时，$\pi(x)$ 的值也跟着趋向无穷大。

18 世纪最伟大的数学家欧拉发现当 x 趋向无穷大时，$\dfrac{\pi(x)}{x}$ 的值趋向于 0。用微积分的语言可以将结果用公式表示：

$$\lim_{x \to \infty} \frac{\pi(x)}{x} = 0$$

为了能更深刻地知道这个质数函数的性质，19 世纪以前的数学家想找出一个他们较熟悉的简单的解析函数近似相等于 $\pi(x)$。即找出一个函数 $f(x)$，使得

$$\lim_{x \to \infty} \frac{\pi(x)}{f(x)} = 1$$

几个法国、德国和俄国的数学家，如勒让德（Adrien-Marie Legendre）、高斯（Carl Friedrich Gauss）、狄利克雷（Peter Gustav Lejeune Dirichlet）、切比雪夫（Pafnuti L. Tchebycheff）和黎曼（Georg Friedrich Bernhard Riemann），他们由经验猜想 $\pi(x)$ 的渐近函数是 $\dfrac{x}{\log x}$。

这个问题到了 100 年以后，才在 1896 年同时由法国数学家阿达马（Jacques Hadamard）和比利时数学家普桑（C. J. de la Valleé Poussin）解决。他们都用到了复变函数理论。

这个定理在质数理论中是非常重要的，因此数学家通常称它为"质数定理"（Prime number theorem），阿达马和普桑的证明是非常漂亮的，长期以来很多人都认为不可能有不用复变函数理论为工具而证明这个定理的初等方法。在 1949 年，匈牙利数学家厄多斯（Paul Erdös）和塞尔伯格（Atle Selberg，1917—2007）用初等微积分的理论给出了这个定理的另外证明。

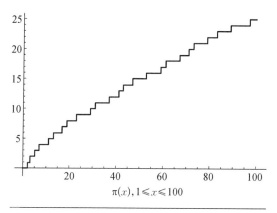

质数分布规律

厄多斯

塞尔伯格

关于这个质数函数,有许多问题直到现在还没有彻底解决。例如对于所有的 $x \geqslant 1$ 和 $y \geqslant 1$,人们猜想 $\pi(x+y) \geqslant \pi(x) + \pi(y)$,可是到目前为止,只有美国数学家西格尔(S. L. Segal)对 x 和 y 同时小于 10 181 的情形获得证明。

表面简单实际困难的质数问题

和质数有关的问题,许多是很容易明白的,表面看起来是不难的，但解决起来都很困难。下面我们举几个还未解决的问题来说明：

（1）是否有无穷多质数是形如 $n^2 + 2$?

（2）是否有无穷多质数是形如 $n^2 + 1$?

（3）11 和 11 111 111 111 111 111 111 111 都是质数，它们分别可以写成 $(10^2 - 1)/9$ 和 $(10^{23} - 1)/9$，现在知道一个数 $(10^k - 1)/9$ 是质数，则 k 必须是质数。反过来不一定成立，例如 $(10^3 - 1)/9 = 111 = 3 \times 37$，同样 $(10^5 - 1)/9$ 也不是质数。由于质数的个数有无穷多，因此是否形如 $(10^k - 1)/9$ 的质数也是有无穷多个？

（4）写下一个很长的自然数列 1，2，3，4，…，然后对任何 $x > 1$，在 x 和 $2x$ 之间一定会找到一个质数。比方说你现在挑出 $x = 4$，你发现在 4 和 8 之间就有 5 和 7 这两个质数。你多试验几次，每次都有这个结果。

俄国 19 世纪的大数学家切比雪夫，证明了一个定理可以推到以上的结果。

好，我们现在看看一个类似的问题：我们把自然数列每一项取平方，我们得到 1，4，9，16，25，…。我们发现在 1 和 4 之间有两个质数 2 和 3；在 4 和 9 之间有两个质数 5 和 7；在 9 和 16 之间有两个质数 11 和 13；在 16 和 25 之间有三个质数 17，19，23。

因此你提出了这样的想法：对任意整数 n，我们一定可以在 n^2 和 $(n+1)^2$ 之间找到一个质数。

这是数学上的一个难题，很早就有人提出了，可是到现在还没有全部解决。

（5）把自然数列排成下面的阶梯形：

```
1
2        3
4        5        6
7        8        9        10
11       12       13       14       15
16       17       18       19       20       21
```
....

从第二阶开始,最初的几阶每一阶最少都出现一个质数。这种现象以后是否一直出现呢? 很多人认为应该是这样。

(6) 我们称满足代数方程 $x^2 + y^2 = z^2$ 的数组 $\{x, y, z\}$ 为商高数组,商高数组一般是由 $\{m^2 - n^2, 2mn, m^2 + n^2\}$ 给出。这里 m 是大于 n 的正整数。美国数学家巴尼特(I. A. Barnett)猜想存在有无穷多的 m 和 n,它们的最大公约数是1,而使得 $x + y$ 和 $x - y$ 同时是质数。

美国俄亥俄州立大学的数学家利用计算机对 m 小于 46 000 的情形进行检验,发现了许多有这样性质的商高数组,看来巴尼特的猜想会是对的,你不妨试试找出一个证明。

奇怪的质数阶梯

$$73\ 939\ 133$$
$$7\ 393\ 913$$
$$739\ 391$$
$$73\ 939$$
$$7\ 393$$
$$739$$
$$73$$
$$7$$

上面的统统都是质数。

无独有偶,下面的也全部都是质数:

357 686 312 646 216 567 629 137

57 686 312 646 216 567 629 137

7 686 312 646 216 567 629 137

686 312 646 216 567 629 137

86 312 646 216 567 629 137

6 312 646 216 567 629 137

312 646 216 567 629 137

12 646 216 567 629 137

2 646 216 567 629 137

646 216 567 629 137

46 216 567 629 137

6 216 567 629 137

216 567 629 137

16 567 629 137

6 567 629 137

567 629 137

67 629 137

7 629 137

629 137

29 137

9 137

137

37

7

在 1～100 自然数列中有 25 个非等差连续质数，占 100 个数的 1/4，乃质数分布密度最高的区域。为此，我们特地设计了一幅 10 阶幻方（幻和 505）：它内含一个逆时针螺旋的 5×5 质数方阵

（总和等于 1 060），其 25 个质数以小至大为序，从内向外逆时针盘旋，犹如一股强劲的龙卷风，拔地冲天，我称之为"质数螺旋数阵"。这是幻方中非常特殊的一个逻辑片段，造型简明，富于动感与美感。

80	18	84	85	52	46	49	21	32	38
72	59	53	47	43	41	36	64	48	42
98	61	11	7	5	37	99	95	35	57
28	67	13	2	3	31	100	75	90	96
94	71	17	19	23	29	92	44	62	54
1	73	79	83	89	97	12	30	33	8
70	45	91	25	87	77	6	74	14	16
26	39	4	63	55	69	40	68	76	65
9	50	60	88	82	58	15	10	81	51
27	22	93	86	66	20	56	24	34	78

十阶"质数螺旋数阵"幻方

孪生质数问题

3 和 5 这两个质数相差是 2。读者很容易找到{5，7}，{11，13}，{17，19}，{29，31}等质数对有这样的性质。在数学里，数学家称这样的质数对为孪生质数。

在以下 50 个质数中，

2	3	5	7	11	13	17	19	23	29
31	37	41	43	47	53	59	61	67	71
73	79	83	89	97	101	103	107	109	113
127	131	137	139	149	151	157	163	167	173
179	181	191	193	197	199	211	223	227	229

有 16 对孪生质数：$(3, 5)$，$(5, 7)$，$(11, 13)$，$(17, 19)$，$(29, 31)$，$(41, 43)$，$(59, 61)$，$(71, 73)$，$(101, 103)$，$(107, 109)$，$(137, 139)$，$(149, 151)$，$(179, 181)$，$(191, 193)$，$(197, 199)$，$(227, 229)$。

有一个很出名的问题叫作"孪生质数猜想"，它是这样叙述的：存在着无穷多的 n，使得 $n-1$ 和 $n+1$ 同时是质数。这问题是 1849 年法国数学家波利尼亚克（Alphonse de Polignac）提出的。

现知 $n = 4$，6，12，18，30，$\cdots$，$1\,000\,000\,000\,062$，$140\,737\,488\,353\,700$ 都给出孪生质数。现在知道在 100 万内有多于 8 000 的孪生质数对。

2002 年底，人们发现的最大孪生质数是

$$(33\,218\,925 \times 2^{169\,690} - 1,\ 33\,218\,925 \times 2^{169\,690} + 1)$$

欧拉发现如果对每个质数取倒数，然后把它们全部加起来，这个和是无穷大。可是在 1919 年挪威数学家布伦（Brun）发现，如果取所有的孪生质数对的倒数的和，这个级数却是收敛的，即和是一个有限值 B：

$$B = \left(\frac{1}{3} + \frac{1}{5}\right) + \left(\frac{1}{5} + \frac{1}{7}\right) + \left(\frac{1}{11} + \frac{1}{13}\right) + \cdots$$

1949 年克莱门特（Clement）证明：如果正整数 p 与 $p+2$ 形成孪生质数，当且仅当 $4[(p-1)! + 1] \equiv - p[\mathrm{mod}\ p(p+2)]$。

我们类似质数函数 $\pi(x)$ 定义一个孪生质数函数 $T(x)$，令 $x > 1$，$T(x)$ 是定义为不超过 x 的所有孪生质数的个数。有人猜想存在着一个正常数 C，使得 $T(x)$ 的渐近函数是 $\dfrac{Cx}{\log^2 x}$。这个问题到现在还未被解决。

20 世纪初，德国数学家兰道（E. G. H. Landau, 1877—

1938）推测孪生质数猜想是成立的。

中国数学家陈景润 1966 年利用筛法证明了：存在无穷多个质数 P，使得 $P+2$ 要么是质数，要么是两个质数的乘积。

目前最接近解决孪生质数问题的数学家之一是我的美国同事戈德斯坦（Daniel Alan Goldston，1954— ）教授。

陈景润

戈德斯坦教授和他的孩子们

戈德斯坦以他、亚诺什·平茨（János Pintz）和土耳其数学家伊尔迪里姆（Cem Yalçin Yıldırım）在 2005 年证明的以下结果出名：

$$\liminf_{n \to \infty} \frac{p_{n+1} - p_n}{\ln p_n} = 0$$

p_n 表示第 n 个质数。换句话说，每 $c > 0$，存在无穷多质数

p_n，p_{n+1}，$p_{n+1} - p_n < c\ln p_n$。

【定理】 如果埃利奥特-哈伯斯塔姆（Elliott-Halberstam）猜想成立，那么存在无穷多个 n，使 $p_{n+1} - p_n \leqslant 16$ 成立。

2013 年，张益唐首先无条件得到了一个有限上界，尽管比 16 大许多。这是近十几年来孪生质数问题领域中最引人注目的结果。

有没有能够计算所有质数的公式

可以证明，一个多项式 $P(n)$，如果不是常数的话，不会是一个质数公式。证明很简单：假设这样的一个多项式 $P(n)$ 存在，那么 $P(1)$ 将是一个质数 p。接下来考虑 $P(1 + kp)$ 的值。由于 $P(1) \equiv 0 (\mod p)$，我们有 $P(1 + kp) \equiv 0 \ (\mod p)$。于是 $P(1 + kp)$ 是 p 的倍数。为了使它是质数，$P(1+kp)$ 只能等于 p。要使得这对任意的 k 都成立，$P(n)$ 只能是常数。

应用代数理论，可以证明更强的结果：不存在能够对几乎所有自然数输入，都能产生质数的非常数的多项式 $P(n)$。

欧拉在 1772 年发现，对于小于 40 的所有自然数，多项式 $P(n) = n^2 + n + 41$ 的值都是质数。对于前几个自然数 $n = 0, 1, 2, 3, \cdots$，多项式的值是 41，43，47，53，61，71，$\cdots$。当 n 等于 40 时，多项式的值是 $1\,681 = 41 \times 41$，是一个合数。

$n = 1 \sim 100$ 时 $n^2 + n + 41$ 的结果

n	$n^2 + n + 41$	结果	n	$n^2 + n + 41$	结果
0	41	素数	4	61	素数
1	43	素数	5	71	素数
2	47	素数	6	83	素数
3	53	素数	7	97	素数

n	n^2+n+41	结果	n	n^2+n+41	结果
8	113	素数	42	1 847	素数
9	131	素数	43	1 933	素数
10	151	素数	44	2 021	复合数
11	173	素数	45	2 111	素数
12	197	素数	46	2 203	素数
13	223	素数	47	2 297	素数
14	251	素数	48	2 393	素数
15	281	素数	49	2 491	复合数
16	313	素数	50	2 591	素数
17	347	素数	51	2 693	素数
18	383	素数	52	2 797	素数
19	421	素数	53	2 903	素数
20	461	素数	54	3 011	素数
21	503	素数	55	3 121	素数
22	547	素数	56	3 233	复合数
23	593	素数	57	3 347	素数
24	641	素数	58	3 463	素数
25	691	素数	59	3 581	素数
26	743	素数	60	3 701	素数
27	797	素数	61	3 823	素数
28	853	素数	62	3 947	素数
29	911	素数	63	4 073	素数
30	971	素数	64	4 201	素数
31	1 033	素数	65	4 331	复合数
32	1 097	素数	66	4 463	素数
33	1 163	素数	67	4 507	素数
34	1 231	素数	68	4 733	素数
35	1 301	素数	69	4 871	素数
36	1 373	素数	70	5 011	素数
37	1 447	素数	71	5 153	素数
38	1 523	素数	72	5 297	素数
39	1 601	素数	73	5 443	素数
40	1 681	复合数	74	5 591	素数
41	1 763	复合数	75	5 741	素数

续　表

n	n^2+n+41	结果	n	n^2+n+41	结果
76	5 893	复合数	89	8 051	复合数
77	6 047	素数	90	8 231	素数
78	6 203	素数	91	8 413	复合数
79	6 361	素数	92	8 597	素数
80	6 521	素数	93	8 783	素数
81	6 683	复合数	94	8 971	素数
82	6 847	复合数	95	9 161	素数
83	7 013	素数	96	9 353	复合数
84	7 181	复合数	97	9 547	素数
85	7 351	素数	98	9 743	素数
86	7 523	素数	99	9 941	素数
87	7 697	复合数	100	10 141	素数
88	7 873	素数			

1963 年乌拉姆和助手们用阿拉莫斯的计算机发现欧拉公式 n^2+n+41 在 n 为大数值时有令人震惊的奇怪结果。马尼艾克二型主机计算出,在 1 000 万以下的所有质数中,该公式可得出占总质数的 47.5%。而当 n 值较低时,该公式工作得更有成效。当 n 值小于 2 398 时,得质数的机会一半对一半。而当 n 值小于 100 时,该公式得出 86 个质数,合成数只有 14 个。

动脑筋想想看

1. 证明最小的 35 对孪生质数是(3, 5),(5, 7),(11, 13),(17, 19),(29, 31),(41, 43),(59, 61),(71, 73),(101, 103),(107, 109),(137, 139),(149, 151),(179, 181),(191, 193),(197, 199),(227, 229),(239, 241),(269, 271),(281, 283),(311, 313),(347, 349),(419, 421),(431, 433),(461, 463),

$(521,523)$，$(569,571)$，$(599,601)$，$(617,619)$，$(641,643)$，$(659,661)$，$(809,811)$，$(821,823)$，$(827,829)$，$(857,859)$，$(881,883)$。

2. 证明：$\pi(10)=4$，$\pi(50)=15$。

3. $(2^{58}+1)/5$ 是质数还是合数？抑或根本不是整数？

4. 令 $n!=n\times(n-1)\times(n-2)\times\cdots\times3\times2\times1$。证明：$(2-1)!+1=2^1$，$(3-1)!+1=3^1$，$(5-1)!+1=5^2$。是否存在其他的质数 p，令 $(p-1)!+1$ 等于 p 的若干次方？

$$(2-1)!+1=2^1$$
$$(3-1)!+1=3^1$$
$$\cdots\cdots$$
$$(p-1)!+1=p^n$$

5 在美国四年级教室讲几何

纯粹的真理是科学的北极星，然而数学比起其他学科来，更容易唤醒孩子们对于真理的热爱。 ——西蒙·马克斯(Simon Max)

算术真是无聊

我的儿子念祖的老师邀请我到学校跟小朋友讲数学，这些小孩子是四年级的。我记得当他们还是二年级及三年级时，我曾给他们讲一些数学故事和玩数学游戏。

每一年级的老师会更换，孩子升到四年级时课程就有一些科学的内容，如简易的物理、生物、化学，这部分是由另外一位专门教科学的老师负责。

念祖的级任老师负责教文化、历史、地理和数学，有一天我看他拿回家的数学作业竟然是要学生写阿拉伯数字 1，2，3，4，…，88 时，我就好奇地问：

"这不是幼儿园孩子做的东西吗？"

"我的老师在课堂上要我们写这些东西，算术真是无聊。"

看到数学就怕的一代

我想这位老师可能是属于那些"看到数学就怕的一代",我应该找机会和她谈谈。

在美国学校有许多教数学的老师并没有受过严格的数学教学训练(法国在这方面比美国好十倍,因此法国的数学教师在教学上比美国强许多)。有许多人不知道怎么教。美国国家科学基金会给了许多钱去做数学教育改进的研究,结果生效不大。美国的数学基础教育一般来说比日本、中国、新加坡要低些。

不只"小约翰不会计算",甚至"大约翰也不会计算",我教的25岁的大学生竟然在考卷上写"$6 \times 12 = 84$"!

我有一个同事,他的前任太太在初中教数学,她曾对我说她不懂数学,也害怕数学,可是学校安排她去教数学(因为当年许多人转行去做电脑程序设计员,不去教书,导致数学老师缺乏)。她只好"滥竽充数",要她的丈夫把第二天要教的数学内容预先写在透明胶片上,第二天上课时就放在投影仪上照本宣科,她说她就是这样"混了许多年"。

不胜任的老师教怕数学的孩子

她坦白告诉我,她到现在还是不知道数学是什么,她也不知道怎样才能教好数学。

数学教育如果是由不能胜任的教师来教,当然结果就是"一代不如一代"了!

我的一位同事曾告诉我，有一天他的儿子告诉他老师要全班的学生写"1～100"作为六年级的学生的数学作业，因为这样他们以后写支票就不会写错。同事就决定把自己的研究搁在一边，常常到孩子的学校亲自协助老师教数学，他不希望这个无知的老师让他的孩子及同学们以为数学就是搞这么无聊的事。

我的一位从事数学教育的大学同事赵青女士，她获得哥伦比亚大学的物理博士学位——是吴健雄教授的高足之一。为了献身数学教育的工作，向她的洛克希德（Lockheed）公司申请休假两年，来我们的大学教未来的小学和中学老师的数学教育。

结果令她惊异的是，大部分学生思想僵化，没有求知学新的意念，学生的表现非常差劲，使她感到挫折。她觉得这些未来的老师没有学习的兴趣，只想不经劳苦而获得及格分数，她对我说她有时感到气愤及沮丧。

我能体会她的"无力感"，以及对学生的失望，我对她说："如果我们能做个榜样，在这么差的条件下还能创造出成绩来，他们以后也可能像我们一样认真教学。"

有一天，儿子的学校要家长去和老师们讨论孩子的学习成绩，我决定利用这机会和孩子的老师谈谈我打算去她学校讲一点数学的想法。

P女士很诚恳坦白，她说我儿子的数学非常好，在教室里帮助她教其他小朋友，她现在教的数学有一些她自己都不懂，反而小孩子有时比她还明白。

我对她开玩笑说："我是数学传教士，希望更多人能明白这宇宙的真理。您愿不愿意让我来您的教室跟小孩子讲一点数学？我不讲超过他们能了解的内容，而且尽量配合您的教材内容来讲。"由于我的教书工作繁重，我只能讲一个小时的时间，她很高兴地同意了。

1995 年 12 月 1 日我去她的学校。我带了幻灯片、投影机及一些白纸和透明胶片,去儿子学校讲数学,根据老师的进度,我准备介绍几何及三角形的性质。

我计划是在前半个小时放映 80 张关于几何知识的幻灯片,后半个小时我要讲解"为什么任意三角形三个角之和是 180°",以及一些延伸知识。

全班 24 位小朋友都很高兴地看着投影机在银幕上展现出五颜六色的幻灯图片。

首先我给他们看大自然出现的有规则的几何图形:矿石的切片出现正三角形;蜜蜂蜂巢的正六边形;海星的五个爪;雪花对称的美丽图形;结晶体的正多边形;显微镜下的对称藻类;中国的窗花、波斯人地毯的图案;耶路撒冷清真寺大门的美丽图案;荷兰画家埃舍尔(Escher)的几何图案。

接着我给他们看一张希腊邮票,上面印有三个棋盘凑成的一个直角三角形,然后我解释什么是直角。

我说在四五千年前现在的中东地区曾有一个文化非常发达的国家,名叫巴比伦。那里的人很早就建造了雄伟的城市,而且由于农业的需要,他们要观察天体的运动,发现天体如日、月、火星、金星的运动有一些周期的现象。

我问小朋友:"知道什么是度数吗?"小孩子雀跃地回答:"圆是 360°,直线是 180°。"小孩子没法正确解释,我就拿一把尺,放在投影机上。我说:"假定我手拿尺的这一端是地球,另外一端是太阳,古代的巴比伦人认为太阳是绕地球转的。"尺徐徐转动,画了一个大圈,巴比伦人定义从这个尺所划出的角是 360°。

我们现在就是用 4 000 多年以前古巴比伦人的东西,然后我放一张巴比伦人泥板画的图片,上面有圆及正方形的图形,解释他们是怎样构造直角的。

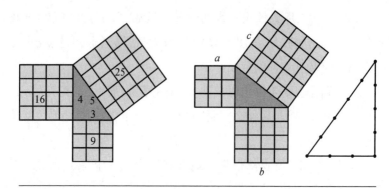

构造直角

古巴比伦的泥板画

接下来我放映了欧几里得（Euclid）、阿基米德（Archimedes）和毕达哥拉斯（Pythagoras）的画像，告诉他们阿基米德用太阳能烧毁敌人船只的故事，以及他在研究几何时被入侵的罗马士兵杀害的幻灯片。然后是秦始皇的画像及他的万里长城，我说中国在2 000多年以前已懂得用直角三角形的知识来建造万里长城。

我给他们看爱因斯坦（Albert Einstein）的照片，小孩子都认识他。我说爱因斯坦小时候叔叔教他几何，他发现几何是很有趣味的数学。他长大以后用数学做工具，来探索揭晓宇宙的秘密。

最后我转入另外的一个领域——镶嵌图。

我先解释什么是正三角形、正方形、正五边形直至正多边形的意义。

然后解释怎样用这些正多边形来铺满一个平面，我给孩子们看一些地面上的铺砖、一些厅堂的装饰地砖、一些墙壁的美丽镶嵌图案。

孩子们非常高兴地看到这些简单的正多边形，可以拼凑出漂亮复杂的图案。

美丽的镶嵌图案一

美丽的镶嵌图案二

美丽的镶嵌图案三

"是否不用正方形，像长方形、平行四边形、梯形也能拼凑出一些漂亮的图形呢?"我利用这个机会告诉他们平行线的概念，然后展示一些这样拼凑的图案。

我对孩子们说，同样的材料只要布置稍微不同，就会形成不同的图案，希望他们以后考虑问题时要从各种不同的角度来考虑。

接着，我展示荷兰画家埃舍尔怎样在这些镶嵌图上加工，绘制出许多精美的图画。

荷兰画家埃舍尔

埃舍尔的画作

最后的 5 分钟，我放映了一些分形几何的图形。

我给孩子们看用电脑绘制的朱利亚集合(Julia set)、从硫酸铜电解生长出的树状分形，以及一些蕨类植物的叶子。

有一个分形图是类似京剧孙悟空的面谱,孩子们好高兴。

"这是一张猴子的脸。"

"不对,这是鹿。"

"No! No! No! 这是外星人 ET 的相。"

朱利亚集合图像

硫酸铜电解形成的树状分形图

提出分形理论的开山祖师是在 IBM 公司工作的法国数学家芒德布罗(Mandelbrot)。他 1992 年来加州伯克利的劳伦斯博物馆对小学生解释分形时说:"分形理论可以跟小孩子讲,他们会喜欢的。"

果然这一班的小学生都对我提供的分形图片感兴趣。

分形图一

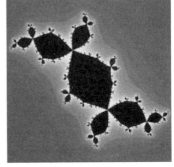

分形图二

半个钟头飞快地过去。接下来我给每一个小朋友一张长方形的白纸,我叫他们在上面随便画一个三角形,然后用剪刀把这三角形剪下来。

我说："如果我告诉你们，你们的每个三角形的三个内角加起来是 $180°$，你们会不会相信？"

我接下来在透明胶片上画一个三角形 ABC，我在下面写"$\angle A + \angle B + \angle C = 180°$"。

然后我用红色涂 $\angle A$，用蓝色涂 $\angle B$，用青色涂 $\angle C$，我要小朋友也同样在他们的三角形上对应于我的三角形 ABC 涂类似的颜色。

"来！现在你们每一个人在刚才的白纸上用尺画一条斜线。我要你们看这条线和两条平行线所夹的角是不是相等。"

"你们怎么知道它们相等？"

小孩子建议用量角器来量，我说万一你量得不准确，两个角度会不一样，你就不能说是相等了。

"你们可以用剪刀沿着那条线剪，看看能把这两个角合在一起吗。如果可以的话，那么你就相信这两个角是相等的。"

他们都说是。

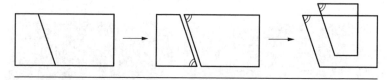

检验两个角是否能够合在一起

我就教小孩子们怎样用两把尺画平行线。

等他们都会画平行线后，我就在原先的胶片上有 $\triangle ABC$ 的地方，表演过 C 点作一条平行于 AB 的线 CD。我把 $\triangle ABC$ 用剪刀剪下，把 $\angle B$ 和 $\angle A$ 贴在 C 的顶点的角上。

"你们看 $\angle A + \angle B + \angle C$ 现在变成了一条直线。"

一个小朋友说："直线的角是 $180°$。"

"你们现在相信三角形的三个内角和是 $180°$ 了吧？"

很多小朋友齐声说：
"相信。"

"好,那么我现在请你们考虑随便给一个四边形,它的内角之和是多少。"

一个名叫亚历山大莉娅的小女生说："长方形每个角是 $90°$, $90° × 4 = 360°$。"

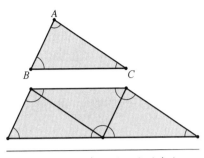

把 $\angle B$ 和 $\angle A$ 贴在 C 的顶点的角上

我说："如果不是长方形或正方形时怎么办呢?"我用剪刀剪了一个任意四边形,在它的对角线上画一直线,然后用剪刀引这线剪出了两个三角形,我对孩子们解释要算四边形的内角和相当于要算两个三角形的内角和,许多小朋友领悟,马上说：

"$180° × 2 = 360°$!"

这时 P 女士说："还有 5 分钟就是休息时间,小朋友要出去玩了。"

我说："好! 我只要 5 分钟就讲完了。小朋友,你们现在能不能告诉我五边形的内角和是多少?"

有一两个学生,很快地算出来：

"$180° × 3 = 540°$!"

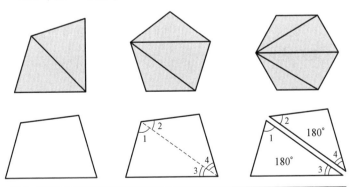

四边形、五边形、六边形的内角和

大部分学生不明白这数字是怎么得来的。我剪了一个五边形，然后以一顶点为中心剪出三个三角形出来，学生们马上明白了，我要他们试算六边形的内角和。

"好，今天我就告诉你们几何的一个基本定理，以及它的推广，几何是很好玩的数学，我相信以后你们会喜欢它。"

几何属于现实，诗歌是幻想的框架

这时下课铃响，学生们像兔子一样蹦蹦跳跳地跑出教室外。P女士帮我收拾幻灯机，她谢谢我来跟小朋友讲数学。我把一份怎样制作类似埃舍尔图案的教材资料给她，并且感谢她给我机会跟她的学生讲数学。

在离开之前，我说："在差不多 100 年前米尔纳·弗洛伦斯（Milner Florence）在《学校评论》（*School Review*）讲这样的话：'几何似乎是属于现实的，而诗歌则应纳入幻想的框架。但在理性的王国里，两者又是非常一致的。对于每个年轻人来说，几何和诗歌都是宝贵的遗产。'"

她问我："明年你能不能来我的课堂再跟小孩子讲课？"

我说："只要我有时间，我愿意。"

是的，能跟小孩子讲数学，让他们不害怕它，是令我高兴的事，为什么要拒绝呢？

6 美国数学家

——哈尔莫斯

在绘画与数学中,美有客观标准,画家讲究结构、线条、造型、肌理,而数学则讲究真实、正确、新奇、普遍。　　　——哈尔莫斯

电脑是重要的,可是对研究数学来说并不是如此。　　　——哈尔莫斯

所有可教育的人都应该知道数学是什么,因为他们的精神世界会由此而丰富起来,他们会更热爱生活,会更理解生活,会有更敏锐的洞察力,在这种意义之下,他们就会理解人类的全部活动。　　　——哈尔莫斯

按某种意义说,一个学者要终身学习,但是吸收别人发现的知识(学习),和你自己发现一部分真理(研究),是一种很不相同的学习。

　　　——哈尔莫斯

匈牙利籍犹太人

我有两个认识的数学家，都要叫他们"保罗伯伯"（Uncle Paul），而且他们都是匈牙利籍犹太人。一个是保罗·厄多斯（Paul Erdös，1913—1996），另外一个是保罗·哈尔莫斯（Paul Richard Halmos，1916—2006）。

今天介绍的"保罗伯伯"是一个非常实在的数学家。哈尔莫斯从事的数学遍及概率论（遍历理论）、统计、泛函分析［特别是希尔伯特（David Hilbert）空间及操作数理论］以及数理逻辑。年轻时曾当过大数学家冯·诺伊曼（John von Neumann，1903—1957）的助理。他教数学差不多 70 年，是个德高望重的数学家。他嗜好摄影，拍了 1 万多张数学家的相片。去世后他的太太弗吉尼亚（Virginia）秉承他的遗愿，捐献 100 万美元给美国数学协会。

哈尔莫斯是美国数学家，1916 年 3 月 3 日生于匈牙利的布

哈尔莫斯

达佩斯，生下 6 个月母亲就过世了。父亲是个优秀的匈牙利医生，在 1924 年感到欧洲局势动荡不安，预感一场政治风暴会来临，就把自己在匈牙利的医业事务转让给另外一位医生，并请他照看他的三个儿子，自己移民到美国的芝加哥，5 年后老哈尔莫斯成为美国公民，然后把他留在匈牙利的两个儿子接到美国。

哈尔莫斯曾说："我由于父亲的关系，马上成为美国公民，我不觉得自己是匈牙利人，在文化、教育、世界观各种方面我能想到的是美国化。虽然我讲英语有口音，可是它比我的匈牙利语好无穷

多倍。所以,总的来说,除了口音外,我是完全的美国人了。"

哈尔莫斯 13 岁离开匈牙利,当时是中学三年级学生,只会匈牙利文、德文和一些拉丁文。

匈牙利的校制是小学 4 年、中学 8 年,他已经上了 7 年,到了美国,他对芝加哥的校方说,他已念了高中 3 年,因此当局让他念最后 1 年。他第一天进美国中学上佩恩(Payne)先生的物理课,老师讲 1 个钟头,他一个字也听不懂,下了课后,其他学生跑到别的教室去上课,他却不知道要去哪里上,坐在原来的座椅上。老师就走来问他怎么回事,他耸耸肩表示听不懂,他们试了各种语言,最后通过几个拉丁字和法语总算初步沟通,老师要他去 252 号教室上课。

他在美国 6 个月,能说流利但不正确不合语法的口头英语。在 15 岁时高中毕业,进入伊利诺伊大学念化学工程系。以他的年龄来说,他的身材算高大,背微驼,样子装老成,在校园大摇大摆地走,同学都和他相当融洽。周围的同学没有察觉他是 15 岁的"黄毛小子"。

大学由化学工程和哲学改修数学

可是念了 1 年化学工程,哈尔莫斯就觉得无聊,且会把手弄得太脏,于是他就想去念哲学和数学课。

对于数学,他并没有显得很热忱,他说:"我是一个普通的微积分学生,我对极限并不太了解,我真怀疑教授教过它,可是我对微分和积分这些机械式的运算掌握得很好,这方面我可以过得去,我就是这样混了过去。"

他选数学课,只是想知道数学是怎么回事,并不是真的想当数学家。他说他喜欢哲学,对符号逻辑有兴趣。对抽象思维有兴趣,他喜欢思想清晰、可靠。学历史的时候,他总怀疑历史是不是有人为了需要而修改。学物理和化学,疑心重重,觉得物理和化学不是真实的,这真是奇怪的事。

在 1934 年,他以 3 年的时间完成 4 年的学业,后攻读该校的研究院,主修哲学,辅修数学。

他说他最初是和一般人有相似的等级看法,认为数学是在物理之上,物理又在工程技术之上,因此,哲学是在数学之上。他读研究生院时是想念哲学,主修哲学,但同时也选修许多数学课。可是在哲学硕士考试时,老师问他有关哲学史的问题,他全部不会回答。于是他决定主修数学,哲学变成选修课,可是选修课考试还是不行,于是只好死心塌地去读数学了。

他说他读哲学时,看了罗素(Bertrand Russell)和怀特海(Alfred North Whitehead)的巨著《数学原理》(*Principia Mathematica*),对于符号逻辑非常喜欢,这也是促使他从哲学转向数学的一个因素。

虽然哈尔莫斯在 22 岁时获得博士学位,但他说在学数学过程中他比人家慢一拍。第一年研究生课,他听复变函数论,他不明白数学符号 $\sum$ 是什么东西。教授说取单位圆,班上一位同学问:"开的还是闭的(即单位圆是否包含圆周上的点,有的话是闭的,没有是开的)?"而哈尔莫斯却觉得这位同学真是多此一举,单位圆是开的还是闭的有什么关系,他不知道圆的拓扑结构不同,就会有不同的推论。

有一天他和一位低一年级的同学谈论数学,突然他弄懂什么是"无穷小"的意义,因而知道极限是什么,他才明白以前学微积分所不明白的究竟是怎么一回事。当天他找了格兰维尔(Granville)、史密斯(Smith)和朗利(Longley)的微积分书从头看,以前对他没有意义的东西,现在变成有意义了,而且以前不会证明的,现在也能证明了。他说从那天开始,他成了数学家。

在 1985 年他出版了用 1 年时间写的自传《我要成为数学家》(*I Want to Be a Mathematician*)。他在他的自传里写道:"数学并不是演绎的科学,当你要证明一个定理,你不会只是罗列一些假设,然后才开始推理,你要尝试,做一些实验验证,一些猜测的工作。

数学,我称之为数学的那部分人类知识,我是看成一种事业,一种崇高而壮丽的事业,不管是微分拓扑,还是泛函分析,或者是同调代数,全都一样,全都互相关联,这些课题彼此的联系紧密,构成了同一个东西不同的侧面。那种相互联系,那种结构组织,就是稳定可靠,就是真知灼见,就是尽善尽美,这就是我对数学的看法。"

曾经是积极的左翼分子

哈尔莫斯对研究生有一个忠告:"我们平常人没有足够精力分两半给两种热情;我们不能数学和大提琴两样都行,我们不能在数学上和细木工艺上都有创造性,我们不能在数学和政治两方面都有偏爱。只抱有一种热情,把自己的精力灌注到一种主要活动中,对一个处于发展阶段的专业人员来说尤其重要。一个数学研究生除做数学研究外没有——不应当有——时间去做其他任何事。"

他自己说他年轻时就违反了以上的看法。他说:"我曾暂时注意政治理想,这种活动极消耗和浪费时间。

在我跟政治度蜜月期间,我做的一切事(当然数学除外)都受到影响。例如,我阅读的书籍从约翰·里德(John Reed)的《震撼世界的十日》和

年轻时的哈尔莫斯

安娜·路易丝·斯特朗(Anna Louise Strong)的《我改变世界》跳到亚历山大·伍尔科特(Alexander Woolcutt)和沃德豪斯(P. G. Wodehouse)，然后再回到《新群众》和厄普顿·辛克莱写的小说。我开始学俄语，做着依旧到那个牛奶和蜜糖国度的白日梦。这大都是1935—1936年的事。1936年后期我开始认识到一天没有那么多时间又做数学又搞政治。我辞去委员会的职务，消减出席会议的时间。"

思想激进的青年哈尔莫斯

1932年冯·诺伊曼在普林斯顿高等研究所

在1938年他以论文《一些随机变化的不变量：赌博系统的数学理论》取得了博士学位。可是那个年代正是经济萧条时期，他说："我寄了190封求职信，只有两封回信都说没有职位，伊利诺伊大学可怜我，让我以讲师身份留下教书。因此1938—1939年我是有了工作，我仍到处申请寻找。"

他继续申请，在两三个月间他找到一所州立大学的工作，这是花费几封介绍信的推介而成。可是过不久他不想做了。

在年中时，比他低一年的朋友拜伦·安伯罗斯告诉他获得了普林斯顿高等研究所的奖学金，要到那里去做研究。哈尔莫斯说："这事令我生气，我也想要去那里，于是我辞去了我的教书职位，向父亲借了1 000元，就搬到普林斯顿区。什么职位也没有，只有在研究所的图书馆有一个座位，可是第二年就成为也是来自匈牙利的大数学家冯·诺伊曼的助手。我的任务是去听他的课,把他讲的东西记录下来然后打字编成讲义,在 1942 年我编写成了《有限维向量空间》,这是根据冯·诺伊曼的讲课所写的。由此开始引导我写数学书籍。"

对我的影响

我在读书时先接触了他在 1947 年写的《有限维向量空间》,这书基本是冯·诺伊曼上课时的笔记,哈尔莫斯作为助手记录并整理出来,是一本非常好的书。

另外一本是 1963 年间的《布氏代数讲义》,写得很简洁。1967年我第一次阅读此书,我就喜欢近代数学。我在这 20 年来读了 4 次。

1965 年我与当时准备去加拿大留学的陈庆地、林明法两位学长一起学他 1950 年写的《测度论》,哈尔莫斯说:"问题是数学的心脏。"他的数学问题不仅蕴含着深刻的数学思想和精妙的思维技巧,而且在解决该问题的过程中能产生新的观念。可惜后来我没有在分析发展,但可以说在数学的成长中受到他的影响。

后来我从事研究工作,他写的《怎样写论文》对我有很大的帮助。另外他写的《怎样教数学》也对我从事教书工作有一些启迪。他讲过这样一句话:"具备一定的数学修养比具备一定量的数学知识要重要得多。"从这个意义上说,数学教育的根本目的并不在于让学生掌握多少数学知识,最重要的在于培养学生一双敏锐的眼睛。

哈尔莫斯说:"我猜测,在可以预测的将来(和现在一样),离散数学将是在认识世界的过程中日益有用的工具,而分析将因此相

中年哈尔莫斯

形之下占次要的地位。这并不是说，笼统而言分析，特殊而言偏微分方程，它们的好日子已经过去了，其威力已江河日下，而是据我所推测，不仅仅是组合数学，连相对来说深奥莫测的数论和几何也将在应用数学的书籍中取代一些以前曾是分析所占据的篇幅。"

他晚年退休后来硅谷的圣塔克拉拉大学教书，我几次被邀请去那儿演讲，他都会列席在第一排，听我怎样结合中国古代的组合数学工作创新的报告。

最后他由于跌断脚就不常出来听演讲。我最后一次在我校数学系讲关于边魔图，他还来听并照我的相。我讲完之后还要上课，后来他写信寄相片给我。1989 年 1 月 21 日给我的亲笔信说可惜没有机会与我共进晚餐聊一下数学（通常系里演讲完后会邀请主讲者及一些听众吃饭，主讲者免费）：

亲爱的信明：

我非常享受你上学期在研讨会里做的演讲，同时我也很抱歉没有办法享用你的免费晚餐。我可是很期待和你共进晚餐的，并且向你讨教中国剩余定理。我长久以来一直想了解到底中国剩余定理的发现者原本是想解决什么样的问题，你知道是什么问题吗？

总之，这封信是我们这次愉快会面的纪念，我希望我能在有限的时间内再见到你。

敬启

哈尔莫斯

P. R. Halmos
2155 Emory Street
San Jose CA 95128

21 January 1989

Professor Sin-Min Lee
Department of Mathematics
San Jose State University
San Jose CA 95192

Dear Sin-Min:

·I enjoyed your talk at the colloquium last semester, and I am sorry that you couldn't collect your free dinner — I was looking forward to eating with you and quizzing you about the Chinese Remainder Theorem. I have been wanting to know for a long time just exactly what sort of calendar problems the founding fathers wanted to solve. Do you happen to know ?

In any event, here is a small memento of a pleasant encounter. — I hope that I'll see you again in a finite time.

Best regards,

哈尔莫斯教授 1989 年 1 月 21 日给我的亲笔信

他的同事 D 教授对我说:"哈尔莫斯教授有个怪僻,如果听演讲,讲者在开始 5 分钟不能吸引他的兴趣,他就拿着拐杖走出讲厅。看来你的演讲还不错,能吸引他几次来听。"

哈尔莫斯在 2006 年 10 月 2 日因肺炎去世,享年 90 岁。

"标新立异"的数学家

伯克利大学数学系的霍克希尔德(Gerhard Paul Hochschild)是哈尔莫斯芝加哥大学的同事。一天霍克希尔德听说哈尔莫斯要出《有限维向量空间》一书,就问:"哈尔莫斯老兄,能不能顺便帮我打打知名度?"

霍克希尔德(2008 年)

1961 年的哈尔莫斯

哈尔莫斯爽快地答应了。现在，您翻阅《有限维向量空间》一书时，会发现霍克希尔德的名字出现于索引中，而该姓名相对应的页数是第 198 页。

人们曾称哈尔莫斯为"标新立异"的数学家，他对数学的看法是否与常人有异呢？

美国政府有一个国家科学基金会的组织，专门赞助一些科学工作者研究。许多人以从这基金会取得多少钱做研究为荣，哈尔莫斯却有另外的看法：

"我在数学家当中是个标新立异者，我认为向国会议员和国家科学基金会的官员们解释数学是什么，有多么重要，应该给多少钱，这并不是生死攸关的大事。我认为数学研究不需要别人的资助，我想这话会得罪很多人。我没有钱也仍把数学做好；我对三四百年前的过去怀恋，当时只有心甘情愿业余搞数学的人才搞数学。

......

要是国家科学基金会根本不存在，要是政府部门从来不赞助美国的大学，我们的数学家可能会有现在的一半那么多……有些地方数学家的人可能少到 85 或 100 人，也许只有 15 或 20 人，我看这没有什么不好，数学几千年没有特殊的赞助不是搞得挺好的吗？"

怎样做一个数学家

哈尔莫斯在《应用数学是坏数学》（哈尔莫斯并非在文中攻击

应用数学,他以此为标题有其用意)中说:"数学如今生气勃勃,分支如此众多,各分支又如此广博,基本上无人能全部了解……但这不要紧,无论演讲是关于无界操作数、交换群还是可平行曲面,相距很远的数学各部分之间的相互影响常常会出现。一个部分的概念、方法常常会对所有其他部分有启示。这一体系作为一个整体的统一性令人惊叹。"

哈尔莫斯在他的自传中,谈成为数学家的一些观点,我觉得很有趣,相信读后我们每个人都能从中受到启发。以下是他的看法:"我花费我一生大部分时光试图当一位数学家,可是我学会了什么呢? 当数学家要做什么? 我认为我知道答案:你必须生下来就对头,你必须连续不断地追求使自己变得完美,你必须热爱数学超过任何其他事情,你必须不停地勤奋工作,你必须坚持不懈,永不放弃。"

我的意思不是说当数学家要到排斥家庭、宗教和其他的程度,也不是你爱上数学你就不会有任何怀疑,从来也不沮丧,也不准备停下工作去干园艺活。怀疑和沮丧都是生活的组成部分,伟大的数学家也有过疑惑,也有过沮丧。哈尔莫斯认为,要当数学学者,必须生下来就有天才,具有洞察力、集中力、运气、驱动力,以及直观和猜测的能力。他承认他不是有宗教信仰的人,但他认为当人们从事数学时,就好像和上帝接近,要学习数学,需要超常的努力——阅读、听讲演。

他喜欢那种"聊数学话家常"(mathematical gossip),当人们坐在闲椅上会跷起二郎腿,告诉他数学,这样他就会学到东西。

哈尔莫斯 1970 年在哥伦布

"我不是说热爱数学比热爱其他事物更为重要，我的意思是说，如果一个人的爱好排成顺序的话，数学家最大的爱好就是数学。我认识许多数学家，有大数学家有小数学家，我的确感到，我所讲的对他们都成立。我所举出一些最著名数学家的名字——马斯登·莫尔斯、安德烈·韦伊、外尔（Hermann Weyl）、奥斯卡·扎里斯基。

我只是讲，热爱数学是一个前提，没有这点就得不出那个结论。如果你想当一个数学家，你就要审视你的灵魂，问一下你想当数学家的愿望有多大。

假如你的愿望不是很深、很大，事实上不是极大、最大；假如，你有其他的欲望，甚至不止一个，那么你就是不该力图当数学家。这个'该'字不是从道德伦理上考虑，而是从实据可能的角度考虑的，因为我觉得你可能达不到你的目的，而且，无论如何，你会感到沮丧，感到心情不愉快。"

哈尔莫斯举一个他的同乡的例子。厄多斯是20世纪最多产的数学家。

"我不喜欢厄多斯最喜欢的那类组合——几何-算术问题，但是他在这方面十分高明。也会有人问那种全部了解的数学问题，此时他就要求告诉他各个基本词的定义。如果他的集合论'计数'技术适用，他就会进而找到答案。一个典型的例子是：希尔伯特空间内有理点集合的维数。这是胡尔维茨（Hurewicz）提出的问题。厄多斯不太清楚希尔伯特空间是什么，而且他也不明白'维数'是什么意思。亨利·沃尔曼（Henry Wolman）告诉他定义——厄多斯就给出解答。答案是1。论文于1940年发表在《纪事》（Annals）上。这是厄多斯对几个月前他一无所知的一个题目具有专业、重要意义的贡献。"

从左至右依次为米尼奥(R. Minio),哈尔莫斯,格策(H. Götze)

怎样做数学研究

哈尔莫斯被公认为数学研究得相当好的一位数学家。他在《我要成为数学家》里说:"我以前常常说一句话,但此话不厌强调:要主动研究,别只是读,要去干! 问你自己的问题,找你自己的实例,发现你自己的证明。这个假设是必要的吗? 逆命题对吗? 经典的特例情况如何? 退化情况怎样? 证明在什么地方使用假设?

有谁能告诉别人怎样去做研究,怎样去创造,怎样去发现新东西? 几乎肯定这是不可能的。在很长一段时间里,我始终努力学习数学,理解数学,寻求真理,证明一个定理,解决一个问题——现在我要努力说清楚我是怎样去做这些工作的,整个工作过程中重要部分是脑力劳动,那可是难以讲清楚的——但我至少可以试着讲一讲体力劳动的那一部分。

数学并非是一门演绎科学——那已是老生常谈了。当你试图去证明一个定理时，你不仅只是罗列假设，然后开始推理，你所要做的工作应是反复试验，不断摸索，猜测你想要弄清楚的事实真相。在这点上你做的就像实验室里的技师，只是在其精确性和信息量上有些区别罢了。如果哲学家有胆量，他们也可能像看技师一样地看我们。

我喜欢做研究，我想做研究，我也得做研究，我却不愿坐下来开始做研究——我是能拖则拖，迟迟不肯动手。拥有一个大的、外在的、不受我一直支配的而且我能为之贡献一生的事业，对我是重要的。高斯(Carl Friedrich Gauss)、戈耶(Goya)、莎士比亚和帕格尼尼(Pagannini)，我钦佩他们又羡慕他们，他们也是富有奉献精神的人。非凡的天才只有少数几个人才有，而奉献精神则是人人都可以拥有的——也应当拥有的——没有这样的精神，生命便失去价值了。尽管我对工作无限眷恋，我仍是不愿意着手去做它；每做一项工作都像是一场打仗格斗，难道就没有什么事我能先行干好吗？难道我就不能先将铅笔削好吗？事实上我从来不用铅笔，但'削铅笔'已成为一切有助于延迟集中创造精力带来的痛苦手法的代名词。它的意思可以是在图书馆查阅数据，可以是整理旧笔记，甚至可以为明天要讲的课做准备，干这些事的理由是：一旦这些事了结了，我就真正能做到一心一意而不受干扰了。

当卡迈克尔(Carmichael)抱怨说他当研究生院主任，每周可用于研究工作的时间不超过 20 小时的时候，我感到很奇怪，我现在仍觉得很奇怪。在我大出成果的那些年代里，我每周也许平均用 20 小时做全神贯注的数学思考，但大大超过 20 小时的情况是极少的。这极少的例外，在我的一生中只有两三次，都是在我长长的思想阶梯接近顶点时来到的。尽管我从来未当过研究生院主任，我似乎每天只有干三四个小时工作的精力，这是真正的'工作'；剩下的时间我用于写作、教书、做评论、与人交换意见、做鉴定、做讲座、干编辑活、旅行。一般地说，我总是想出各种办法来

'削铅笔'。每个做研究工作的人都陷入过休闲期。在我的休闲期中，其他的职业活动，包括教教课，成了我生活的一种借口。是的，是的，我也许今天没有证明出任何新定理，但至少我今天将正弦定理解释得十分透彻，我没白吃一天饭。

数学家们为什么要研究？这问题有好几个回答。我喜爱的回答是：我们有好奇心，我们需要知道。这几乎等于说'因为我愿意这样做'，我就接受这一回答，那也是一个好回答。然而还有其他的回答，它们要实在些。

做研究工作，有一点我不擅长因而也从不喜欢的是竞争。我不太善于抢在别人前面已获得荣誉。我争当第一的另一办法是离开研究主流方向去独自寻找属于我自己的一潭小而深的泂水。我讨厌为证明一个著名猜想而耗费大量的时间却得不到结果，所以我所干的事无非是分检出被别人漏掉的概念和阐明富有结果的问题。这样的事在你一生当中不可能常做，如果那个概念和那些个问题真是'正确'的，它们便会被广泛接受，而你则很有可能在你自己的课题发展中，被更有能力和更有眼光的人们甩在后面。这很公平，我能受得了；这是合理的分工，当然我希望下次正规不变子空间定理是我证明的，但至少我在引入概念和指出方法方面做过一点贡献。

哈尔莫斯在加州圣何塞家里与他的宠物猫

不介入竞争的另一个方面就是我对强调抢时间争速度不以为然。我问我自己，落后于最近的精美的成果一两年又有什么关系呢？一点关系都没有，我这样对自己说，但即使对我自己来说，这样的回答有时也不管用，对那些心里构成和我相异的人们来说，这样的回答总是错的。当罗蒙诺索夫（Lomonosov）（关于交换紧算子的联立不变子空间）和斯科特·布朗（Scott Brown）的（关于次正规算子）消息传开时，我激动得就像我是第二位算子理论家似的，急切地想迅速知道详情。然而这种破例的情形是少有的，所以我仍然可以在我一生大部分时间中心安理得地生活于时代之后。

我继续尽可能长时间地坐在我的书桌前——这可以理解为，我只要有精力，或者只要有时间，我就这样坐在书桌前，我努力整理笔记到一个弱拍出现为止，如一个引理的确定，或者在最坏的情况下，一个未经过仔细研究但明显不是没希望解答的问题被提出。那样，我的潜意识可以投入工作了，并且在最好的时候，在我走向办公室时，或者给一个班上课时，甚至在夜间睡眠中，我取得意外的进展。那捉摸不透的问题解答有时让我无法入睡，但我似乎养成了一种愚弄我自己的办法了。在我翻来覆去一会儿后，时间并不长——通常仅为几分钟——我'解决'了那问题；那问题的证明或反例在闪念中出现了，我心满意足了，翻了个身便睡着了。那闪念几乎总被证明是假的；那证明有个巨大的漏洞，或者那反例根本就不反对任何东西。可不管怎么说，我对那个'解'相信的时间，长得足够使我睡个好觉。奇怪的是，在夜间，在床上，在黑暗中，我从未记得我怀疑过那'思路'；我百分之百地相信它可是件大好事，对一些情形它甚至被证明是正确的。

我不在乎坐在钟边工作，当因为到了上课的时间或者到了出去吃饭的时间，而我必须停止思考时，我总是高兴地将我的笔记收起来。我也许会在下楼去教室的路上，或者在发动我的汽车、关闭我车库门时仔细思考我的问题；但我并不因为这种打扰而生气（不像我的一些朋友们说的那样，他们讨厌被打断思绪）。这些都是生活的组成部分，一想到几小时后我俩——我的工作和我——又要相聚时，我就感到很舒坦。

好的问题，好的研究问题，打哪儿来呢？它们也许来自一个隐蔽的洞穴，同在那个洞穴里，作家发现了他们的小说情节，作曲家则发现了他们的曲调——谁也不知道它在何方，甚至在偶然之中闯进一辆……此后，也记不清它的位置。有一点是肯定的，好的问题不是来自做推广的模糊欲念，几乎正相反的说法倒是真的，所有大数学问题的根源都是特例，是具体的例子。在数学中常见到的一个似乎具有很大普遍性的概念，实质上与一个小的具体的特例是一样的。通常，正是这个特例首次揭示了普遍性。阐述'在实质上是一样'的一个精确明晰的方法就如同一个定理表述。关于线性泛函的黎兹定理就很典型。固定一个在内积中的向量就定义了一个有界线性泛函；一个有界线性泛函的抽象概念表面上看来具有很大的概括性；事实上，每个抽象概念都是以具体特定的方式产生出来的，那定理也是。作为数学家，我最强的能力便是能看到两个事物在什么时候是'相同的'。例如，当我对伯格定理（正规等于对角加上紧统）苦苦思索时，我注意到它的困境很像那个证明：每个紧统是康托尔集的一个连续像。从那时起用不着很大的灵感，就可使用经典的表述而不用它的证明了。结果是能取得戴维·伯格（David Berg）结果的一种意思明白的新方法。这样的例子我还可以举出很多。一些最突出的例子发生在对偶理论中。例如：紧阿贝尔群的研究与傅里叶级数的研究是一样的，正如布尔代数的研究与不连通的紧致豪斯多夫空间的研究是一样的。其他的例子，不是对偶那一类的有：逐次逼近的经典方法与巴拿赫不动点定理是一样的，概率论与测度论也是一样的。

这样一联系起来看问题，数学便清楚了；这样看问题去掉了表象，揭示了实质。它推进了数学的发展了吗？难道那些伟大的新思想仅仅是看清了两个东西是一样的而已吗？我常常这样想——但我并不是总有把握的。"

有人问他对数学研究的看法，他说："我不是有虔诚宗教信仰的人，但当你做数学研究时你会觉得差不多是和上帝接触。（I'm not a religious man, but it's almost like being in touch with God when you're thinking about mathematics.）"

关于教师的看法

哈尔莫斯提出了自己对于教师的看法：

"我们给未来的工程师、物理学家、生物学家、心理学家、经济学家，还有数学家教数学。如果我们只教会他们课本中的习题，那不等他们毕业，他们受到的教育便过时了。即使从粗糙而世俗的工商业观点来看，我们的学生也得准备回答未来的问题，甚至在我们课堂上从未问过的问题。只教他们已为人们所知的一切东西是不够的，他们也必须知道如何去发现尚未被发现的东西。换句话说，他们必须接受独立解题的训练——去做研究工作。一个教师，如果他从不总是在考虑解题——解答他尚不知道答案的题目——从心理上来说，他就是不打算教他的学生们解题的本领。

每上一个班我要干的第一件事是尽快了解我的学生。我让他们坐在他们想坐的位置上，以便我能通过座位图记得姓名和面貌之间的一一对立。尽管我是拙劣的艺术家，但我有时还是要坐在座位图上看漫画——长脸、圆脸、牛角镜框等。有了宝丽来一次成像相机后，我就拍照，如果班上学生不是太多，我就让每位学生在学期最初两周内到办公室待上 10 分钟。在这 10 分钟里聊什么无关紧要,要紧的是见面结束时,我知道了这些学生的情况(来自纽约,高中时学过微积分,想学物理,英语有困难……),而学生也感到一位实在的活生生的教授正关怀着他们。要理解一个科目,你就必须知道得比这个科目多;要教一门课程,你就必须比你可能放进该课程的题材知道得多得多。当我在芝加哥大学第一次教初等微积分时,关于微积分我知道的比要教的多。

即使如此,我仍认为每堂课都认真准备是重要的。现在我仍然这样想。理由之一是学生们是可塑的,不管他们如何反抗,总禁不住要受到讲课者权威的影响。

我特别竭力不故意说任何错误的东西(更加注意决不在黑板上写出错误的东西)。

1951 年我上高等微积分的班上有一位学生拉里·沃斯(Larry Wos)够我忙的。尽管他童年即已失明,但他还是在自动机理论方面做出了极重要的贡献并得过奖。在有盲人的班上教课得特别小心。

你不能一手拿着粉笔指点,'……现在取这个并把它代入那个……',另一手拿着板擦在黑板上擦来擦去;你不能说'……现在取我们刚得到的 y 的表达式,把它代入先得到的联系 y 与 z 的公式……'

我试着适应,而拉里使课程顺利进行。他总是精神集中,认真听讲,用布莱叶点字法记笔记;他常主动回答我的提问,并且提出自己特有的问题。

他不时在我办公时间来问我问题,教他是一件愉快的事。我发现观察他如何能'看见'教学概念很有意思。例如,有一次他说,'……如果这函数单调,那就对的……',同时用左手向右上角画出一条向下凹的线。在上这门课的 40 人中,我把唯一一个 A 给了拉里。"

哈尔莫斯的健康状况

我由于小时候体弱多病，平时又不做运动，休息则躺在沙发上，到了 20 世纪 90 年代就患上了高血压。有一次"保罗伯伯"听我演讲之后，询问我健康状况，我据实告知。他就对我说："你应该走路，每天走一两个小时能减轻症状。不要靠吃药过日子。"事实上哈尔莫斯从小到 40 多岁从不运动，只要可能，他用开车代替走路，用躺下代替开车。他喜欢喝酒，每天必喝，平均每周有一次微醉。他又爱抽烟，每天抽 20～40 支，在交际晚会上抽得更多。不爱吃蔬菜，喜欢浇上融化牛油的龙虾，饭后要有糕饼甜食、加糖浓咖啡。

这种不良生活方式造成他在 40 多岁时身体未老先衰。哈尔莫斯发现他容易感冒、头痛、嗓子难受、胃不舒服、心跳过快。

他这时开始疑神疑鬼，担心身体患有各种疾病：肺结核、脑肿瘤、肺癌、胃溃疡、心脏功能衰退。

他身体剧痛时，去看医生，可是医生告诉他没有什么，只要吃药两三个星期就好。这些都令他怀疑医生隐瞒他。后来他去普林斯顿访问时，朋友介绍他一位医生，这医生对他全身进行检查，对他说："哈尔莫斯先生，你身体没有什么大毛病，你干吗不到外面走走或做一些喜欢的运动？不要靠吃药来医病。你只要多运动你的病痛就自然消失了。"

他这一次就听从医生的劝告戒烟。第一次在研究院前面的环形车道走 5 分钟，以后每隔一天增加 1 分钟，最后每天走 1 小时，由 6.5 公里增加到 13～16 公里。

哈尔莫斯退休后，移居到加利福尼亚州的硅谷。这里是地中海式气候，温润舒爽，而且树林很多，他有时一天走 24～32 公里。

我在 20 世纪 80 年代见到他时,他身体矫健,走起路来疾如风,精神抖擞,比我这个比他年轻许多的人还要健康。我听了他的劝告之后,才开始走路,不再躺在沙发上休息。

台湾交通大学应用数学系吴培元教授在 1970 年到美国印第安纳大学念研究生,1975 年获得数学系博士学位。他在 2006 年追思哈尔莫斯:"去印第安纳大学的一个主要原因是发现哈尔莫斯也在那里。当时系里最强的一个领域就是由他领导的'运算元理论',有六七个教授在此研究组。我也就顺理成章地专攻这个领域。每星期的'泛函分析研讨课'上,只见他高高在上地坐在教室前排提意见、问题,研究生们只能在后座瞻仰他的表演。

我做的第一个英文演讲也是在这个研讨会上。当时只见台下坐着一排教授专注地听,我的心情当然也紧张万分,还好顺利讲完。讲后哈尔莫斯给的一些评论我至今都还清楚记得。他写的另一本书 A Hilbert Space Problem Book 几十年来一直是算子理论入门的必备参考书,也是我训练博士生时要求他们研读的第一本书。

十几年前,我有一次机会邀请他来台湾交通大学访问了 5 天。虽然在事前双方频繁地用电子邮件联络,但在机场初见面时,他似乎并不知道我和他曾有一段同在印第安纳大学的日子。他当时已七十几岁,两人的关系也有了改变,他不再是那个高不可攀的数学家,而更像是一个和我从事同一领域研究的同事。访台的第一天,他就要求我带他到书店买了一份新竹市地图。他访问期间都住在市区的旅馆。上午他就一个人对照地图做每日的健行运动,下午我再接他到系里从事演讲等学术活动。一天他跟我说他已把新竹市变不见了,因为他沿着市区外围绕行了一整圈,根据柯西定理,其积分等于零。

他回程搭机时,在机场厕所内拿下假牙清洗,没想到就此忘了,直到上机后才发现,事后当然是找不到了。此事多年来一直是我和人聊天时常提起的趣闻。

我最后一次见到他是在 1994 年美国数学会在辛辛那提开年会时的会场，他当然已完全不记得我是谁了。"

哈尔莫斯的著作

他在数学上创造两个东西，现在被全世界公用，一个是"iff"（if and only if，当且仅当的缩写），另外是在证明结束后，用"■"（墓碑）表示完结的意思。

他出版了许多书，写了很多论文。

哈尔莫斯写了几本非常好的教科书，这些书对于年轻数学家的成长极有帮助。

他曾说："表述是一种很艰苦的劳动，对鲁宾斯坦（Rubinstein，美国著名钢琴家）和霍罗威茨（Horowitz，犹太籍钢琴家）来说，弹钢琴也是如此。但我确信他们热爱这种劳动。弹钢琴对于上第一年课的 10 岁学生来说是艰苦的劳动，但他们很多人热爱这种劳动。

表述对我来说也是很艰苦的劳动，但我热爱这种劳动，为什么我要做这种劳动……完全是为了交流思想，这在我是很重要的，我想把东西写清楚。

我发现要把东西写清楚非常困难。但是我喜欢尝试，即使成功的机会很少，我也喜欢试试，不管是一位医生或古生物学家弄懂怎样解决几何级数的求和问题，还是向已经学过测度论的研究生说明。

回答是我写作。我在我的书桌前坐下，提起一支黑色的圆珠笔，开始在一张 $81/2 \times 11$ 见方的标准用纸上写作。我在右上角写上一个'1'，然后开始：'这些笔记的目的是研究秩为 1 的摄动在……的格上的影响。'在这一自然段写完后，我在稿纸边上标上个黑体'A'字,然后开始写 B 段,页数字和段落字构成了参考系统,常常可以一连写上好几百页:87C 意味着 87 页上 C 段。我将这些手稿放入三环笔记夹中,在夹脊上贴上标签:逼近论、格、积分算子等。如果一个研究项目获得成功,这笔记本便成为一篇论文,但不管成功与否,这笔记本是很难扔掉的。我常在我的书桌旁的书架上放上几十本,我仍然希望那些未完成的笔记将继续得到新的补充,希望那些已成为文章发表的笔记以后会被发现隐含着某种被忽视了的新思路的宝贵萌芽,而这种新思路恰恰是为解决某一悬而未决的大问题所需要的。"

他写的著作:

(1)《朴素集合论》(*Naive Set Theory*,由 Springer-Verlag 出版),这本书写于 1967 年,1997 年有法文译本。他只花了 6 个月的时间写成,这是一部优美的著作。

(2)《代数逻辑》(*Algebraic Logic*)。

(3)《有限维向量空间》(*Finite-Dimensional Vector Spaces*,1942 年由 Springer-Verlag 出版),这是根据 20 世纪 40 年代冯·诺伊曼讲学的资料整理改写,是一部优秀的教科书。

(4)《希尔伯特空间入门》(*Introduction to Hilbert Space*)。

(5)《测度论》(*Measure Theory*,1950 年由 Springer-Verlag 出版,中译本由科学出版社于 1958 年出版),是哈尔莫斯任教于芝加哥大学时写的测度论方面的经典著作。

(6)《希尔伯特空间问题集》(*A Hilbert Space Problem Book*,1967 年由 Springer-Verlag 出版,中译本由上海科学技术出版社于 1984 年出版),是算子理论入门的必备参考书。

(7)《我要成为一个数学家》(*I Want to Be a Mathematician*,1985 年由 Springer-Verlag 出版,中译本《我要做数学家》,由江西教育出版社于 1999 年出版)。

(8)1978 年与桑德(V. Sunder)合作的"*Bounded Integral*

哈尔莫斯的著作

Operators on L^2 Spaces"，由 Springer-Verlag 出版。

（9） 1987 年 的 " I Have a Photographic Memory"，由 Mathematical Association of America 出版。

（10） 1996 年的 "Linear Algebra Problem Book，Dolciani Mathematical Expositions"，由 Mathematical Association of America 出版。

（11） 1998 年与史蒂文·吉凡特 (Steven Givant)合作的"Logic as Algebra，Dolciani Mathematical Expositions No. 21"，由 Mathematical Association of America 出版。

（12） 1951 年的 "Introduction to Hilbert Space and the Theory of Spectral Multiplicity"，由 Chelsea 出版。

（13）1956 年的"Lectures on Ergodic Theory"，由 Chelsea 出版。

（14）1991 年的"Problems for Mathematicians Young and Old"，由 Mathematical Association of America 出版。

美国数学协会拍摄乔治·西塞里（George Csicsery）的 44 分

2009 年美国数学协会拍摄的纪录片《我要成为数学家：与哈尔莫斯的对话》中的哈尔莫斯

钟的纪录片《我要成为数学家：与哈尔莫斯的对话》（*I Want to Be a Mathematician: A Conversation with Paul Halmos*），可以看到他谈研究写作教学的经验，以及同事对他的看法。

写于 1997 年 6 月 16 日

2008 年 12 月 8 日修改

2010 年 6 月 30 日、7 月 15 日，2011 年 5 月 5 日增补修改

7 我所喜欢的数学家语录

历史上，很多数学大师留下了他们的真知灼见。我这里就选取一些，以飨读者。

拉普拉斯如是说

法国数学家拉普拉斯（Pierre-Simon de Laplace）曾说过："认识一位巨人的研究方法，对于科学的进步并不比发现本身更少用处。科学研究的方法经常是极富兴趣的部分。"

拉普拉斯在流体动力学、声波的传播和潮汐，以及毛细管上使水上升的表面张力和液体中的内聚力有研究。他在天体动力学上也有很深入的研究。他对纯数学不感兴趣。他认为数学是一种手段，是为了解决科学问题而必须精通的一种工具。

他在 1827 年逝世，虽然他留下了像《天体力学》的巨著，可是在濒临死亡时他说："我们知道的，是很渺小的；我们不知道的，是无限的。"他的好朋友德摩根（Augustus de Morgan）说："他去世前曾说，人们了解的只是幻象。"

这是很富有哲学意味的真理。

虽然他自己的数学很好，可是他对年轻人的劝告是："读读欧拉(Leonhard Euler)，读读欧拉，他是我们大家的老师。"向大师学习，取法于上，得之其中。

希尔伯特如是说

希尔伯特(David Hilbert，1862—1943)在 1909 年于格丁根科学会为纪念英年早逝的犹太数学家闵可夫斯基(Hermann Minkowski)的演讲上说了这样的话："我们的科学我们爱它超过一切，它把我们联系在一起。在我们看来，它好像鲜花盛开的花园。在花园中，有许多踏平的路径可以使我们从容地左右环顾，毫不费力地尽情享受，特别是有气味相投游伴在身旁。但我们也喜欢寻求隐蔽的小径发现许多美观的新景，当我们向对方指出来，我们就更加快乐。"

他在 1900 年巴黎举行的国际数学家大会上发表的著名演讲上说："只要一门科学分支中充满大量的问题，它就充满了生命力。缺少问题意味着死亡或独立发展的终止。正如人类的每种事业都为了达到某种最终目的一样，数学研究需要问题。问题的解决锻炼了研究者的力量，通过解决问题，他发现新方法及新观点并扩大他的眼界。"

爱因斯坦如是说

爱因斯坦(Albert Einstein，1879—1955)说："世界第一次目

睹了一个逻辑体系的奇迹，这个逻辑体系如此精密地一步一步推进，以致它的每一个命题是绝对不容置疑的——我这里说的是欧几里得几何。推理的这种可赞叹的胜利，使人的理智获得了为取得以后的成就所必需的信心。如果欧几里得未能激起你少年时代的热情，那么你就不是一个天生的科学思想家。"

在科学研究上想象力扮演重要的角色。爱因斯坦说想象力比知识更重要，因为知识是有限的，而想象力包括世界上的一切，推动着进步，并且是知识化的源泉，严格地说，想象力是科学研究的实在因素。

爱因斯坦"小时不了了"。1900 年他在苏黎世联邦工业大学读书时的平均分数是 4.9（满分是 6 分）。爱因斯坦不修边幅，不喜欢穿袜子、拖鞋，和一些教授相处得并不融洽，曾看过他物理和数学入学卷的韦伯（Heinreich Weber）教授是爱因斯坦第一任夫人米列娃的论文导师，和爱因斯坦闹得极不愉快。米列娃在韦伯的实验室工作，几次为爱因斯坦说情。她在写给朋友的信中说："我已经与韦伯吵了两三次，不过我现在已经习惯了。为了爱因斯坦，我吃了很多苦头……"

爱因斯坦有一句话是相当的精辟且正确："一个人的价值，应该看他贡献什么，而不应该看他取得什么。"

爱因斯坦在普林斯顿高等研究所有一个很好的朋友，他是出生于捷克的哥德尔（Kurt Gödel，1906—1978），他们常在一起散步、聊天。恩斯特·斯特劳斯（Ernst G. Strauss）曾说："大逻辑学家哥德尔毫无疑问是爱因斯坦临终前几年间唯一特别亲近的朋友，而且也是在某些方面和他最相似的人。但就个性而言，他们却截然不同，爱因斯坦合群、快乐、笑口常开、通情达理，哥德尔则极端古板、严肃、相当孤独，而且认为寻求真理是不能信赖常识的。"

有一句爱因斯坦的话被许多科学家常引用："提出一个问题往往比解决一个问题更重要，因为解决问题也许仅是一个数学上或实验上的技能而已,而提出新的问题、新的可能性、从新的角度去看旧的问题,却需有创造性的想象力,而且标志着科学的真正进步。"

罗素如是说

"逻辑是数学的少年时代,数学是逻辑的成人时代。"这句话是数理逻辑大师罗素(Bertrand Russell,1872—1970)在《数理哲学导论》里讲的话。很多人只知道他是文学家、哲学家,却不知道他原来也是个数学家。

他在《宗教与科学》里提到:"新的真理往往使人感到不舒服,尤其对当权者来说更是如此,然而充满残酷和偏执的漫长历史记载中,它是我们聪慧刚愎的人类最重要的成就。"

他在《政治理想》一文里有一段话是很好的:"若以为大多数人的思想总是对的,那就错了。在新问题发生的时候,大多数的人,起初总是错的……凡研究以往历史的人总可看出,当新问题发生的时候,大多数人因为受成见和习惯的引导,总是走入错路。进步须借着少数人渐渐改易意见、变更风俗的力量,才得成功……所以大多数人,应当抑制自己的意志,不能妄加在一致行动于那并非绝对必要的事件上,这是极端重要的。"

他在《社会改造原理》中说:"一个国家如果有许多人不识字,就不可能有现代式的民主。"在《宗教与科学》里他提到:"不管我们给'善'下什么样的定义,不管我们认为它是主观的还是客观的,那些不希望人类幸福的人不会努力去促进人类的幸福,而那些确实希望人类幸福的人却会竭尽全力去实现它。"

有一个时期我对中国的古代文字的演变很感兴趣,花了一些时间研究甲骨文。我骇然地发现在 3 600 年前中国的"教"字竟然是父亲执杖揍孩子的象形。难怪在中国有一段时间老师是要以体罚的方式来教育学生。

怀特海如是说

怀特海（Alfred North Whitehead，1861—1947）是罗素的老师，后来还成为他的同事及合作者。我在"数学界的奇人妙事"一文中有介绍过他。1929 年，美国纽约自由出版社出版了怀特海的《过程与实在》（*Process and Reality*）一书。怀特海在书里说："错误是我们为求进步所付出的代价。"因此在学习或改革中应该不要怕犯错误而故步自封，发现错误之后，最重要的是能"知错能改，善莫大焉"。

怀特海在 63 岁时曾离开剑桥大学来到美国著名的哈佛大学教书，哈佛大学教授威廉·霍金（William E. Hocking）在他去世之后写"我所认识的怀特海"一文里说："他对学生的态度是鼓励他们，但绝不是伪装亲切或卑屈，而内心又有优越感。"

"他来哈佛时已经 63 岁了，他都比我们年长，但他很少给我们年龄较大的印象。他做事是全然地合时宜，而且非常热情地参与系里的活动，我们有一个同事说：'怀特海是我所认识的最年轻的人。'虽然由于年长的关系，他的来临似乎带有领导者的气氛，但是他在气质上，却绝没有'我是权威，你们要听我的'姿态。当他表达的时候，他往往是以一种平稳、平等的立场而不带独断权威的口吻来说话。但是当他说'我认为……如何如何'，我们所听到的是一丝丝真实可靠的思想，而且由文字之意义上的原则性，他更给人们一种新鲜深刻的印象。此外，他经常带着机智性的幽默，常借着口语产生独创的双关妙语。"

怀特海在哈佛大学教了 10 年，他开办的研讨会有研究生和同事参加。他不以自己是逻辑学的权威而搞"一言堂",参加的人都可以坦然表述自己的观点。怀特海坚持一点：任何新的观点,都自然会含有某种程度的冒犯性或剽悍性。有一次有一个学生很中庸温和地说他自己的批评观点可能很肤浅时,怀特海很快说："我不需要礼貌。"有一次,在他非难了由一个黑格尔的观点激发的讨论之后,立即接着说："你们爱说什么就说什么,不要担忧使我在班上同学面前暴露我的无知,我对黑格尔本身是全然的无知。"

他这一点是很值得我们学习的。

罗素在其自传中引录了他在 1947 年写的《怀念怀特海》的文章,这文章结尾说："作为一个老师,怀特海可以说是十分完美,他能把个人的兴趣整个贯注于受教者身上,他同时了解学生的优点与缺点,他能够把学生最好的才能引发出来,他从未犯过一些低劣的教师所常犯的毛病,像对学生强制、讽刺及自命不凡等,我深信所有与他接触、受他熏陶与鼓舞的优秀年轻学子们,将会像我一样对他产生一种诚挚而永恒的感情。"

我认为对许多想献身教育事业的人们,这是值得我们借鉴的话。

波利亚如是说

乔治·波利亚(George Polya, 1887—1985)是一位伟大的数学家和教育家。距离我执教大学 20 多分钟路程的斯坦福大学数学系图书馆,有两个玻璃柜放置了纪念他的一些相片和文件影印本。

我校已退休的理学院院长莱斯特·朗格(Lester H. Lange)教授是波利亚的学生,他告诉我许多波利亚的事迹及给我一些他写的关于波利亚的工作和传略文章。而现已退休的洛克大学的艾森(Aissen)教授是波利亚在美国执教的第一个博士生,他对我口述了许多关于波利亚的事迹,很可惜我一直没有时间整理出来。

波利亚影响我的是他的一本小书《怎样解题》(*How to Solve It*)。我的一个老师借给我看中译本。在里面波利亚有一个忠告:"在您找到了第一个蘑菇或第一个发明时,继续观察,就能积少成多。"

这个忠告,对我得益匪浅,我在当时学习平面几何,往往证明了一道题目后就想是否能有其他证明,有时一道题目我给出了5~7种不同的证明。我记得教我几何的王叔敬老师,许多学生见到他胖胖的身躯就害怕他(不知是怕他太凶,还是怕他教的数学),可是他看到我呈上一大沓不同解法的作业却不嫌烦厌,总是笑眯眯地点点头,我猜想他心里是在说:"孺子可教也!"

我以后把这格言用在我的研究工作上,许多人觉得很惊奇,为什么我能在很短的时间里做许多研究课题,并提出许多值得探索的问题并发表论文。

谈到蘑菇,我记得在 20 世纪 70 年代时,有一次我和法国高等科学研究所(IHES,在奥赛)的托姆(R. Thom,1923—2002)教授一起在研究所后的树林里散步,托姆教授和吴文俊教授是师兄弟,他在数学上创立了"突变论",和我的老师格罗滕迪克一样获得菲尔兹奖。

托姆教授反对所谓的"新数学"的数学教育,他曾言简意深地说:"新数学的重要性只是教我们盘子和圆的不同。"他曾对我说他的孩子是新数学的受害者。

托姆的太太和女儿当时教我法文,可是我的法文太差,和托姆教授交谈仍用英文。托姆教授很喜欢蘑菇,他一面走一面注意到在地上的树干是否有蘑菇,发现一个就像小孩发现珍宝一样那么快乐,小心翼翼地采了放进袋子,喃喃地说旁边一定还有。这时我就想起波利亚的格言,看来这一定是他在欧洲生活时实际观察的经验之谈。

波利亚还有语录,对于想学好数学的人是有用的:"在解题方案的最后阶段你应该重新检查,并考虑一个圆满的解法,否则你会失去解决这问题的某些最佳效果;对解法仔细推敲,不要急于进行。应问一问:我们能粗略地看出结果吗?"

对于以后想当教师的读者,波利亚有两个很好的准则:"第一条是要有事情说,第二条是当碰巧有两件事情要说时,应当控制自己先说一件再说另一件,而不要两件同时说。"

对于教学,第一条准则是了解你所要教的内容,第二条是了解比你要教的内容更多的东西。

华罗庚如是说

柏拉图(Plato,公元前 428—公元前 348 或 347)是哲学家也是数学家,他曾说过:"倘若你曾在生者当中像晨星那样辉耀,那么在死者群里便会似晚星闪烁。"

华罗庚就像柏拉图所说的数学家。一个只有初中程度的学生,靠自修与努力,后来成为清华大学的教授,以及中国科学院数学研究所所长。

下面是他讲的一些话,值得我们学习:

"科学上没有平坦的大道,真理长河中有无数的礁石险滩。只有不畏攀登的采药者,只有不怕巨浪的弄潮儿,才能登上高峰采得仙草,深入水底觅得骊珠。"

"发奋早为好,苟晚休嫌迟,最忌不努力,一生都无知。"

1962 年 12 月 8 日华罗庚在《羊城晚报》写了这样的句子:"学问是长期积累的,我们不停地学,不停地进步,总会积累起不少的知识。我始终认为,天才是'努力'的充分发挥,唯有学习,不断地学习，才能使人聪明；唯有努力，不断地努力，才会出现才能。"

笛卡儿如是说

我们在中学里学到的解析几何是由法国哲学家笛卡儿（René Descartes，1596—1650）所发明的。黑格尔曾经这样称赞他："笛卡儿的确是个英雄。他是现代哲学的倡导者，将一切重新建设起来，替哲学奠定了稳固的基础，即使百年后的今天，我们仍旧需回溯到他的理论。他对彼时及后世哲学影响之深，这是无可讳言的！"

他在力学、水静力学、光学和生物学方面做实验，他对数学的看法，现在看来仍是正确的："……所有那些目的在于研究顺序和度量的科学，都和数学有关。至于所求的度量是关于数的呢，形的呢，星体的呢，声音的呢，还是其他东西的呢，都是无关紧要的。因此，应该有一门普通的科学，去解释所有我们能够知道的顺序和度量，而不考虑它们在个别科学中的应用。事实上，通过长期使用，这门科学已经有了它自身的专名，这就是数学。它之所以在灵活性和重要性上远远超过那些依赖于它的科学，是因为它完全包括了这些科学的研究对象和许许多多别的东西。"

他在《方法论》一书里提出了著名的"我思故我在"（拉丁文为Cogito，ergo sum）。他从数学方法的研究中，归纳了在任何领域中获得正确知识的一些原则：不要承认任何事物是真的，除非它在思想上明白清楚到毫无疑问的程度；要把困难分成一些小的难点；要由简到繁，依次进行；最后要列举并审查推理的步骤，要做得彻底，做到滴水不漏。

帕斯卡如是说

距今 350 多年的法国数学家帕斯卡（Blaise Pascal，1623—1662)写了一本名著《沉思录》(*La Pensée*)。伏尔泰(Voltaire)说它是法国第一部散文杰作。有人说他是基督教的诗人用内心的情绪写出一部基督教的诗。我这里引一段他写的关于空间和时间的诗,里面富有道家的意味:

> 当我想到有限的生命时间,
> 不过是自然界无止境的时间长河中的刹那;
> 当我冥想局促生活的空间,
> 仅只是广阔无边空间的一小角落,
> 我不禁寒而悸,
> 同时又为我为何生于此时而不是无穷的他时,
> 活于此地而不是宇宙另一处所而讶异不已。

帕斯卡很小时就显示对数学有兴趣,他的父亲认为他先要把拉丁文和希腊文学好,才许他看数学书,于是把家里的数学书藏起来,不让他阅读。可是他偷偷把欧几里得的《几何原本》前六卷看完,12 岁就深通代数,16 岁就写成圆锥曲线论,得到笛卡儿的赞赏,20 岁成为一位名学者,发明了计算机和负重机。由于用功过度,18 岁开始就常常生病。他说:"今天要好好地生活,正如明天就会死去。"

牛顿如是说

牛顿(Isaac Newton，1642—1727)是 17 世纪的英国数学家,

他和莱布尼茨（Gottfried Wilhelm Leibniz）同时发现微积分学，他自己说："如果我有什么成就，那是因为我站在巨人的肩上。"伏尔泰曾把他的工作翻译成法文介绍到欧洲去，对牛顿是极为尊敬的。

在《哲学通信》中，伏尔泰写道："……有人争论这样一个陈腐而烦琐的问题：恺撒、亚历山大、铁木真、克伦威尔等人，哪一个是最伟大的人物？有人回答说，一定是牛顿。这个人说得有道理。因为倘若伟大是指得天独厚、才智超群、明理诲人的话，像牛顿这样一个 10 个世纪以来杰出的人才真是伟大人物……我们应当尊敬的是凭真理的力量统治人心的人，而不是依靠暴力来奴役人的人；是认识宇宙的人，而不是歪曲宇宙的人。"

牛顿的祖先不是什么天才，以前曾有人相信"龙生龙来凤生凤"，追溯他的祖先三代以上发现都是平凡的人，和他的天分没有半点关系。

反而牛顿在年老时对人们称誉他在人类认识宇宙所做的伟大贡献时，讲出他发现真理的方法："我并无过人智慧的地方，只有坚忍不懈的思索精力。每一个目标我都要不断地让它停留在我的眼前，从第一线曙光刚刚呈露出来开始，一直保留到慢慢展开使整个大地都一片光明为止。"

向数学大师学习

1969 年我参加在蒙特利尔市举办的数学会议，遇见了两位心仪已久的数学家——永田（M. Nagata）及格罗滕迪克（A. Grothendieck）。我喜欢环论，读了一些永田写的环论的文章，我很惊异他的外貌很像我在南洋大学读书时的周金麟教授。

格罗滕迪克是法国代数几何大师，可是却外表谦和完全没有架子，剃光头，戴一副金丝眼镜，穿拖鞋。最初和他一起吃饭，我是

"有眼不识泰山",不知他是鼎鼎大名的数学家,还以为只是一个参加会议的普通研究生,而不知他曾获得菲尔兹奖,且曾是"布尔巴基学派"的领袖之一。

相比之下有一位美国籍的印度教授,当年他做了一些不算差的工作,可是气焰很盛,咄咄逼人,好像不得了的样子。我当时就想起中国古代寓言里的井底的小青蛙,没有见过海而自以为大,盛气凌人。格罗滕迪克大师的谦卑,就像牛顿所说:"我不知道,在别人看来,我是什么样的人;但在我自己看来,我不过是一个在海滩玩耍的小孩,为不时发现比平常更光滑的一块卵石或比平常更为美丽的一片贝壳而沾沾自喜,而对展现在我面前的浩瀚的真理的海洋,却全然没有发现。"格罗滕迪克教授在代数几何及其他领域都有惊天动地的贡献,可是他却不把这些贡献当作什么不得了的事。以后我从事数学研究也觉得在真理的大海面前,我们只是拾了一些数量极少的美丽贝壳和卵石,事实上呈现在我们前面的是无穷的未知。我所取得的一点成绩是不足以自傲的。

许多喜欢数学的年轻人问我怎么才能学好数学? 我想奉送哈尔莫斯(P. R. Halmos,1916—2006)的话:"学好数学的方法就是做数学。"

这句话对我是金玉良言。

8 黄金分割和斐波那契数

0.618 法在中国

　　在生产和科学试验中，人们为了达到优质、高产、低消耗等目标，需要对有关因素的最佳组合（简称最佳点）进行选择，关于最佳组合（最佳点）的选择问题，称为选优问题。优选法，是以数学原理为指导，用最可能少的试验次数，尽快找到生产和科学实验中最优方案的一种科学试验的方法。在实践中的许多情况下，试验结果与因素的关系，要么很难用数学形式来表达，要么表达式很复杂，优选法与试验设计是解决这类问题的常用数学方法。例如：在制药的科学实验中，怎样选取最合适的配方、配比；寻找最好的操作和工艺条件；找出产品的最合理的设计参数，使产品的质量最好，产量最多，或在一定条件下使成本最低，消耗原料最少，生产周期最短等。这种最合适、最好、最合理的方案，一般总称为最优方案；选取最合适的配方、配比，寻找最好的操作和工艺条件，给出产品最合理的设计参数,叫做优选。也就是根据问题的性质在一定条件下选取最优方案。最简单的优选问题是极值问题,这类问题用微分学的知识即可解决。

优选法在数学上就是寻找函数极值的较快较精确的计算方法。来回调试法是优选学经常用的方法。但是怎样的来回调试最有效,1952 年美国人基弗(Jack Carl Kiefer, 1924—1981)在他的麻省理工学院硕士论文中解决了这一问题,由于和初等几何的黄金分割有关,因而称为黄金分割法或 0.618 法。这是一个应用范围广阔的方法。

劳汉生和许康在"'双法'推广:中国管理科学化的一个里程碑"一文解释华罗庚怎样知道基弗的方法:大约在 1964 年底至 1965 年初,华罗庚在北京图书馆的新书架上见到了怀尔德(D. J. Wilde)的著作《优选法》,其中基弗的"斐波那契方法"与"黄金分割方法(0.618 法)"是用来合理地安排实验,以求出最佳"工艺"的方法,即如何用最少次数的实验以求得最佳"工艺"。这个方法也非常简单,而且在管理中有普遍使用价值。

优选学中的黄金分割法,20 世纪 70 年代由华罗庚对其做了简化和补充,并在全中国范围内推广,取得了令人满意的结果。

基弗在哥伦比亚大学读博士,在亚伯拉罕·瓦尔德(Abraham Wald)和雅各布·沃尔福威茨(Jacob Wolfowitz)的指导下,于 1952 年得了数理统计博士学位。虽然仍是一个研究生,他已在康奈尔大学任教,直到 1979 年从康奈尔大学退休,加州大学伯克利分校统计与数学系马上提供一个新米勒研究教授的位置给他。1980 年,基弗应中国大学和伯克利分校的中国交流计划去中国。他在北京大学

基弗

作了 8 个演讲，涵盖的主题有多元分析、序贯法、非参数估计、鲁棒性和非参数方法、实验设计的基本原理、完整的类和回归设计、析因实验、非线性模型、序贯设计的效率、强设计。

今天我们要谈的是这种方法常要用到的一个数值 1.618 的来源以及它的一些故事。

古代希腊的"黄金分割"

在差不多两千年前希腊的数学家毕达哥拉斯（公元前 560—前 480）考虑了一个几何问题，这问题可以这样说：给出任何一条线段 AB，要在上面找出一点，这一点把线段分成长短两部分，要求全线段和较长部分的长度比值等于较长部分和较短部分的长度比值。

$$\underbrace{A \overset{a}{\vphantom{|}} \quad C \quad \overset{b}{\vphantom{|}} B}_{a+b} \qquad \frac{a+b}{a} = \frac{a}{b} = \varphi$$

如果我们假设较长的部分是 AC，较短的部分是 CB，令以上的比值为 x，即 $x = \dfrac{AB}{AC}$。

由于 $AB = AC + CB$，所以我们看到：

$$x = \frac{AC + CB}{AC} = 1 + \frac{CB}{AC} = 1 + \frac{1}{x}$$

现在我们得到了一个代数方程，把这个方程化简，它变成了 $x^2 - x - 1 = 0$。

这个一元二次方程的根有两个，很容易算出它们是

$$k = \frac{1 + \sqrt{5}}{2} \text{ 和 } k' = \frac{1 - \sqrt{5}}{2}$$

由于 $\sqrt{5}$ 大于 2，所以后面的根是负数，而算正根的近似值就得

到 1. 618 033 9⋯。

黄金比例通常用希腊字母 Φ 或 φ(phi)表示。

优选法用的数是它的小数点后的数。一般我们在应用时只取准确到小数点后三位数,因此我们用 1. 618。这个数以往的数学家称为"黄金数"(golden number),今天来看这个名称真是恰到好处,这个数真是一个宝,它为国家创造了多少财富!

希腊数学家称这个几何问题里的点 C 把线段黄金分割(golden section)。黄金数的创始人就是古希腊数学家、哲学家毕达哥拉斯。他曾把一条线段分成长短两节,不厌其烦地进行反复的比较,最后得出他认为最优美的比例关系,即在这两条线段中,短节与长节之比,恰恰等于长节与全线段之比,比值为 0. 618⋯ : 1。

我们现在看怎样用直尺和圆规找出这一点 C 来?

我们过 B 点作一条直线垂直 AB,然后在这直线上取线段 BD,使得 BD 的长是 AB 的一半,然后我们连结 AD。

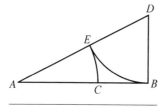

$$BD = \frac{1}{2}AB$$
$$DE = DB$$
$$AC = AE$$
$$AC : AB = \frac{\sqrt{5}-1}{2}$$

尺规作图求黄金分割点

我们再以 D 为圆心,DB 的长为半径画一个弧,这弧交 AD 于 E 点,然后再以 A 为圆心,AE 的长为半径画弧,这弧交 AB 于 C 点,这 C 点就是我们所要找的将 AB 黄金分割的点。

我们这样作图为什么是对的呢?

现在假定 AB 的长是 2 个单位,那么由作图我们知道 BD 长是 1 个单位。现在应用"商高定理",我们算出 $AD^2 = 1^2 + 2^2 = 5$,所以 AD 的长是 $\sqrt{5}$ 个单位。DE 和 BD 相等,因此它的长是 1 个单位，所以 AE 的长应该是 AD 扣掉 DE，即 $\sqrt{5}-1$ 个单位。由于 AC 和 AE 等长，AC 的长度应该是 $\sqrt{5}-1$。

现在我们看看 AB 和 AC 的比值是什么？

$$\frac{AB}{AC} = \frac{2}{\sqrt{5}-1} = \frac{2}{(\sqrt{5}-1)} \times \frac{(\sqrt{5}+1)}{(\sqrt{5}+1)}$$
$$= \frac{2}{4}(\sqrt{5}+1) = \frac{1}{2}(\sqrt{5}+1)$$

这就是我们刚才求得的黄金数了。

公元前 6 世纪古希腊的毕达哥拉斯学派研究过正五边形和正十边形的作图，因此现代数学家们推断当时毕达哥拉斯学派已经触及甚至掌握了黄金分割。毕达哥拉斯证明它是人类的数字比例的基础。他表明，人体各部分的比例是建立在一定的黄金数的基础上。

开普勒

物理学家和天文学家开普勒（Johannes Kepler，1571—1630）曾经说过："几何学里有两个宝库：一个是毕达哥拉斯定理（我们称为"商高定理"）；另外一个就是黄金分割。前面那个可以比作金矿，而后面那一个可以比作珍贵的钻石矿。"

欧几里得的《几何原本》一书里，他就考虑到了这样的问题：

"作一个三角形,使得两腰相等,而其底角是顶角的 2 倍。"在这里就用到了黄金分割。

如果我们作一个圆内接正十边形,那么边和半径的比又是黄金数!

有一次我在联合国会场外看那世界各国的国旗迎风招展,我发现许多国家的国旗中有五角星出现,当时我心里想一个问题:为什么这么奇怪,许多国家都要把五角星放进他们的旗帜上? 可惜我还找不到一个原因。

读者可能没有想到在五角星里就有黄金分割的现象存在! 通常我们作一个正五边形后,然后连每个顶点就得到一个五角星出来。

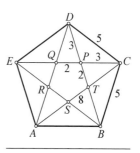

读者如有时间可以试试证明在右图里:*CA* 和 *CB* 的比值是黄金数! *PD* 和 *PT* 的比值又是个黄金数! *CB* 和 *PC* 的比值也是黄金数!

正五边形中的黄金比例

这样看来,你在画五角星时就已经不知不觉和黄金数打交道了。

黄金分割和人体

在古罗马奥古斯都时期,有位著名的建筑师名叫马库斯·维特鲁威·波利奥(Marcus Vitruvius Pollio,公元前 85—前 20),他在建筑设计中应用了这样的规则:"要把一个空间划分为惬意而美的两个区域,最小区域与最大区域的比例应等于较大区域与整个空间的比例。"这一规则符合了"黄金分割律"。"黄金分割律"是意大利画家达·芬奇引入的。

维特鲁威在《建筑十书》的第三卷中描述了完美的人体比例，具有完美比例的人体的身高与伸展开的手臂的长度是相等的。人体的高度与伸展开的手臂的长度形成了一个正方形，将人体围住，而手和脚正好落在以肚脐为圆心的圆上。在此体系中，人体在腹股沟处被等分为两个部分，肚脐则位于黄金分割点上。他主张建筑的整体与部件之间，应反映人体比例。他建议神殿这类建筑物应该采用与完美的人体比例相似的比例构成方式，因为人体各部分十分和谐。

15 世纪末到 16 世纪初，文艺复兴时期的艺术家莱昂纳多·达·芬奇(Leonardo da Vinci，1452—1519)运用了维特鲁威原理。他既是人体比例体系的追随者，也是这个体系的研究者。人鼻子的长度与下巴底部到鼻子底部之间的距离之比就符合黄金分割率。达·芬奇偷了大量的尸体量度各骨骼的比例并发现很多地方都是 1.618。达·芬奇为数学家卢卡·帕乔利(Luca Pacioli)的书《完美的比例》(*Divina Proportion*，1509 年)绘制插图。

达·芬奇和他的名画《维特鲁威人》

达·芬奇名画《维特鲁威人》，画了一个裸体的健壮中年男子，两臂微斜上举，两腿叉开，以他的头、足和手指各为端点，正好外接一个圆形。同时在画中清楚可见叠着另一幅图像：男子两臂平伸站立，以他的头、足和手指各为端点，正好外接一个正方形。有三个不同的黄金矩形：分别位于头部、躯干部和腿部。

　　维特鲁威的作品的对开本，里面有一张依照这幅素描所作的版画。素描的上面和下面都是手写的小字，画中描绘了一男子，他摆出两个明显不同的姿势，这些姿势与画中两句话相互对应。第一个双脚并拢、双臂水平伸出的姿势诠释了素描下面的一句话："人伸开的手臂的宽度等于他的身高。"另一个叠交在他身后的姿势是将双腿跨开，胳膊举高了一些，表达了更为专业的维特鲁威定律：如果你双腿跨开，使你的高度减少十四分之一，双臂伸出并抬高，直到你的中指的指尖与你头部最高处处于同一水平线上，你会发现你伸展开的四肢的中心就是你的肚脐，双腿之间会形成一个等边三角形。画中摆出这个姿势的男子被置于一个正方形中，正方形的每一条边等于 24 掌长，而正方形被包围在一个大大的圆圈里，他的肚脐就是圆心。这幅素描中所画的男子形象被世界公认为是最完美的人体黄金比例。古时候的希腊人认为一个人有完美的（或理想的）体型是肚脐那一点把头到脚"黄金分割"。因此一些艺术家画的人像以及古代雕塑像，大多数是以这个为比例。

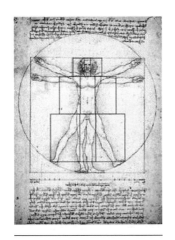

《维特鲁威人》三个不同的黄金矩形

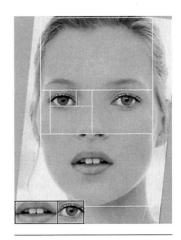

美丽女孩面貌符合黄金比例

文艺复兴时期,黄金分割被视为最神圣的比例。例如达·芬奇在《论绘画》一书中指出:"美感完全建立在各部分之间神圣比例的关系上,各特征必须同时作用,才能产生使观众往往如醉如痴的和谐比例。"

你知道为什么夏季的空调室温最好在 23℃左右? 这是因为在日常生活中,人们最舒适的环境气温为 22~24℃,而正常体温36~37℃与 0.618 的乘积恰好是 22.4~22.8℃。

和谐的建筑按黄金比来建立

埃及的金字塔的底边长和高度比正好是 1 比 0.618,埃及的 Ahmes 纸草书给出了一个资料:在公元前 4700 年建筑吉萨胡夫大金字塔是根据"神圣比例"。

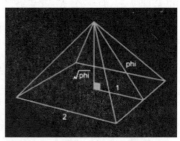

大金字塔中的黄金比

我们叫长和宽的比是黄金数的矩形为黄金矩形(golden rectangle),在今天你可以到处发现黄金矩形的存在:信用卡、电话卡、一些书籍封面……都遵循了这个比例。

黄金矩形的知识可以追溯到希腊人。古时候的一些神庙,在建筑时高和宽也是按黄金数的比来建立,他们认为这样的长方形看来是较美观。他们最有名的艺术作品——帕台农神庙

(Parthenon)是在现在希腊的雅典城里还遗留的一座公元前 5 世纪时神殿的一部分,这座 2 000 多年前的建筑向我们证明了希腊人是怎样重视这个数。

帕台农神庙是一个运用希腊比例体系的实例。简单分析,帕台农神庙的正面符合多重黄金分割矩形。二次黄金分割矩形构成楣梁、中楣和山形墙的高度。最大黄金分割矩形中的正方形确定了山形墙的高,图中最小的黄金分割矩形决定了中楣和楣梁的位置。

雅典帕台农神庙

巴黎圣母院正面各种比例中的正方形和圆的作用很大。包围大教堂的那个矩形具有黄金分割比例。这个黄金分割矩形中的正方形围住了大教堂正面的主体部分,二次黄金分割矩形围住了两座塔楼。这些线是两条对角线,在通风窗上方相交,穿过了大教堂正面矮墙的拐角。正如左边结构示意图所表示的那样,中间正门也符合黄金分割比例。通风窗的直径等于1/4个正方形内切圆的直径。

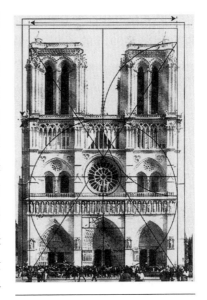

巴黎圣母院

　　法国巴黎埃菲尔铁塔、上海的东方明珠塔都是根据黄金分割的原则设计建造的。东方明珠塔的塔身高达 462.85 米，设计师有意把球体选在 295 米高的位置（符合 0.618 的数值），使塔身显得非常协调、美观。

黄金分割和绘画

　　古代绘画大师大多遵循"黄金分割律"作画。黄金分割律在构图中被用来划分画面和安排视觉中心点。画面中理想的分割线需要按下列公式寻找：用 0.618 乘以画布的宽，就能得到竖向分割线；用 0.618 乘以画布的高，就能得到横向分割线。用上述方法共能得到四条分割线，同样也得到四个交叉点。这四个交叉点常被画家用来安排画面的主要物象，使之形成视觉中心点。

　　达·芬奇在艺术上对黄金分割的运用，可能是受到他的朋友帕乔利在 1509 年的三本讨论黄金分割书籍影响。《蒙娜丽莎》无

蒙娜丽莎

可争议是达·芬奇的最有名的画，其中充满了黄金矩形。在图中，我们可以绘制一个矩形，其基底延伸到她的左胳膊肘，而从女子的右手腕，上升到她的头顶部，垂直扩展矩形。然后，我们将有一个黄金矩形。

　　此外，如果我们在这个黄金矩形内绘制正方形，会发现这些新正方形的边缘包含所有的她的下巴、她的眼睛、她的鼻子和她神秘的嘴巴上翘的角落。

达·芬奇的《最后的晚餐》是除《蒙娜丽莎》之外，最为人所知的画作，创作于1495～1498年，画在意大利米兰的圣玛丽亚·格拉齐（Santa Maria delle Grazie）修道院，是16英尺（1英尺为0.3048米）长、30英尺宽的巨大壁画，花了3年工夫才完成。

米开朗基罗（Michelangelo di Lodovico Buonarroti Simoni，1475—1564）是和达·芬奇、拉斐尔并称文艺复兴三杰的艺术巨匠。他24岁画的不朽之作《神圣家族》，用五角星形勾勒出这种非常原始的圆形画的3个主要组成者。

米开朗基罗的《神圣家族》

美术史上被称为"画圣"的意大利文艺复兴画家圣乔奥·拉斐尔（Raphael Sanzio，1483—1520），以他精湛的艺术才能、独特的艺术风格和众多的唯美圣母像，受到世人的喜爱。拉斐尔的图画《受难日》是一个众所周知的例子，我们可以找到一个黄金三角形，一个五角星。在这幅画中，一个黄金三角形可以被用来找到一个与其相关的五角星。

让·弗朗索瓦·米勒（Jean-Francois Millet，1814—1875）是19世纪法国最杰出的以表现农民题材而著称的现实主义画家，他

拉斐尔《受难日》

的代表作是现藏于法国巴黎奥赛博物馆的《拾穗者》。

米勒生于诺曼底农民之家，幼年曾帮助父亲在田间劳动，近20 岁才开始学画。23 岁时到巴黎师从于画家德拉罗什（Delaroche），画室里的同学都瞧不起他，说他是"土气的山里人"。老师也看不惯他，常斥责他："你似乎全知道，但又全不知道。"后因不满老师的浮华风格和无力负担学费而停学。这位乡下来的年轻人实在厌恶巴黎，说这个城市简直就是杂乱荒芜的大沙漠，只有罗浮宫才是艺术的"绿洲"。当他走进罗浮宫的大厅时惊喜地说："我好像不知不觉地来到一个艺术王国，这里的一切使我的幻想变成了现实。"他靠在罗浮宫里描摹巨匠们的作品学习。

米勒在巴黎贫困潦倒，丧妻的打击和穷困压得他透不过气来。1849 年巴黎流行黑热病，他携家迁居到巴黎郊区枫丹白露附近的巴比松村，这时他已 35 岁。在巴比松村他结识了科罗、卢梭、特罗容等画家，在这个穷困闭塞的乡村，他一住就是 27 年之久。

米勒用黄金分割画《拾穗者》：直

米勒

线 AB 与 CD 分别将画面等分，两直线相交于 O 点，此为中间妇女位置。

米勒《拾穗者》及其中展现之比例 $AO:EO=OB:OF=CO:CH=OD:KD$

米勒曾因他的"乡下佬模样"和质朴的画风被巴黎沙龙中的某些同行冠以"森林中的野人"的绰号，同行认为《拾穗者》是"反抗贫困的起诉书"。《费加罗报》上的一篇文章甚至耸人听闻地说："这三个突出在阴霾的天空前的拾穗者后面，有民众暴动的刀枪和1793 年的断头台。"把它宣传为洪水猛兽。

米勒在一封书信中为自己的艺术做了辩护："有人说我否定乡村的美丽景色，可我在乡村发现了比它更多的东西——永无止境的壮丽；我看到了基督谈到过的那些小花，'我对你说，所罗门在他极荣华的时候，他所穿戴的还不如那山林间的一朵百合花呢！'"米勒相信，"艺术是一种爱的使命，而不是恨的使命。当他表现穷人的痛苦时，并不是向富人阶级煽起仇恨。"他要表现的是《圣经》的训示："富有的人在收割后，掉在地下的穗，要留给穷人去拾。凡事感恩就算拾剩下的也要弯下腰……"他牢记最亲爱的祖母的教导要他心怀谦卑，为永恒而谱画。罗曼·罗兰曾评论《拾穗者》说："米勒画中的三位农妇是法国的三位女神。"

兔子生兔子，一对一年生多少

和这个黄金分割有密切关系的是一种数列，这数列是这样：$1,1,2,3,5,8,13,21,\cdots$。在数学上人们称它为"斐波那契数列"（Fibonacci sequence）。

斐波那契

斐波那契是意大利 13 世纪的数学家，全名是列昂纳多·斐波那契（Leonardo Fibonacci，1175—1240），他生在比萨。从 10 世纪到 13 世纪，意大利的商人闻名全欧，他们非常活跃地在地中海沿岸活动，把东方的奇珍异宝包括中国的丝绸从波斯人或阿拉伯人手中转卖给欧洲各国的封建王室和贵族。

斐波那契的父亲在北非的阿尔及利亚的一个海港当海关征税员，他虽然是一个基督教徒，但为了做生意的需要，他请了一个穆斯林教师来教他的儿子，特别学习当时较罗马记数法还先进的"印度-阿拉伯数字记数法"以及东方的乘除计算法。因此斐波那契小时候就接触到了东方的数学。

他长大后也成了一个商人，为了做生意他到过埃及、西西里、希腊和叙利亚，也学会了阿拉伯文，而且开始关注东方数学。

1200 年斐波那契回到了意大利，在 1202 年他写了一本数学书，书名叫 *Liber Abaci*（计算之书），在这书里他第一个介绍印度-阿拉伯记数法，里面也有一些代数和几何问题。他的著作深受阿拉伯数学家如花拉子米（Al-Khowarizmi，783—850）及艾布·卡米勒(Abu Kamil，850—930)的影响。这本书是一个巨大的成功，几个世纪来一直是数学作家的一个标准源。他声称，他写这书"使拉丁人不再缺乏阿拉伯数字的知识"。

斐波那契的《计算之书》

在这书里有一个很出名的"兔子生兔子问题"：有一个人把一对未成年的兔子放在四面围着的地方，想要知道一年后有多少对兔子生出来。假定每个月一对成年兔子生下另外一对。而这新的未成年的一对在一个月后就成年，开始每个月生下另外一对。

这是一个算术问题，但是却不能用普通的算术公式算出来。读者可以用符号 A 表示一对成年的兔子，B 表示一对出生不久尚未成年的兔子，我们用底下的图来表示兔子繁殖的情形：

1 月 1 日只有 B

2 月 1 日有 A

3 月 1 日有 AB

4 月 1 日有 BAA

5 月 1 日有 AABAB

6 月 1 日有 BABAAABA

⋯⋯

1月1日　2月1日　3月1日　4月1日　5月1日　6月1日

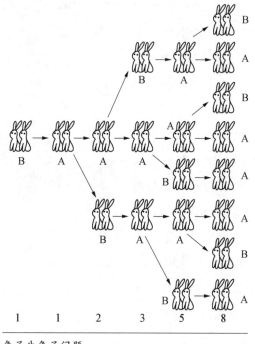

兔子生兔子问题

读者知道这个月的繁殖情况，下个月的繁殖情况可以很容易写出来，只要把这个月里的 A 改写成 AB（表示 A 还加上一对新生的兔子），而这个月的 B 改写成 A（表示新生小兔已成长为成年兔子）。

请读者自己试试写到第十二个月的情形，然后再填写下表：

月　　份	1月	2月	3月	4月	5月	6月	7月	8月	9月	10月	11月	12月
A 的数目	1	1	1	2	3	5	8	13	21	34	55	89
B 的数目	0	0	1	1	2	3	5	8	13	21	34	55
总　　数	1	1	2	3	5	8	13	21	34	55	89	144

因此在第二年的一月一日应该有 89 对新生小兔子，所以总共

有兔子 89+144＝233 对。

这个结果实在令人吃惊，在你最初看到斐波那契的问题时，你估计兔子数目最多不会超过五十对，没有想到兔子繁殖这么多。这只不过是一个假设问题，如果兔子真是以这样的速率生育，我们的地球可能不是"人吃兔子"而是"兔子吃人"了！

数学家后来就把这数列 1，1，2，3，5，8，13，21，34，55，89，144，233，…称为斐波那契数列，以纪念这个最先得到该数列的数学家，并用 F_n 来表示这数列的第 n 项。

他一生著有 3 本重要的数学著作：《计算之书》、《实用几何学》(几何学和三角学概论)和《平方之书》(关于丢番图方程的问题，300 年后被重新发现)。

不幸的是他的《关于商业运算》和《几何原本》第十卷注释已失传。

麦克莱农(R. B. McClenon)评价斐波那契："……考虑他的方法的原创性和威力，和他的研究结果的重要性，我们有极其充足的理由把比萨的斐波那契列为出现在从丢番图时代到费马时代的数论领域的最伟大天才。"

斐波那契数列的性质

读者可能早已注意到这数列有这样的性质：在 1 之后的每一项是前面二项的和，即 $F_1 = 1$，$F_2 = 1$，而 $F_n = F_{n-1} + F_{n-2}$(当 n 大于或等于 3 时)。

现在我们看斐波那契数列和黄金数的关系。我们知道黄金数 $k = \dfrac{1+\sqrt{5}}{2}$ 是方程 $x^2 - x - 1 = 0$ 的根，故我们有这样的等式

$k^2 = k+1$。同样地，以上方程的另外一个根 $k' = \dfrac{1-\sqrt{5}}{2}$ 也满足方程式 $(k')^2 = k'+1$。

对于每个大于等于 1 的 n，我们在 $k^2 = k+1$ 两边同时乘上 k^n，我们得到等式 $k^{n+2} = k^{n+1} + k^n$，同样我们也有等式 $(k')^{n+2} = (k')^{n+1} + (k')^n$。

由这两个等式，读者容易获得下面的等式：

$$\frac{k^{n+2} - (k')^{n+2}}{k - k'} = \frac{k^{n+1} - (k')^{n+1}}{k - k'} + \frac{k^n - (k')^n}{k - k'}$$

现在我们令 $F_n = \dfrac{k^n - (k')^n}{k - k'}$，$n \geqslant 1$。

我们得到

$$F_1 = \frac{k - k'}{k - k'} = 1$$

$$F_2 = \frac{k^2 - (k')^2}{k - k'} = \frac{(k + k')(k - k')}{k - k'} = k + k' = 1$$

而对于 $n \geqslant 3$，我们有 $F_n = F_{n-1} + F_{n-2}$，因此我们的数列 F_1，F_2，F_3，F_4，…事实上就是斐波那契数列。我们有了斐波那契数列的用黄金数表示的通项公式：

$$F_n = \frac{1}{\sqrt{5}}\left[\left(\frac{1+\sqrt{5}}{2}\right)^n - \left(\frac{1-\sqrt{5}}{2}\right)^n\right]$$

这个公式是在一百多年前由法国数学家比内（Jacques Phillipe Marie Binet，1786—1856）发现，所以称为比内公式。这公式在研究斐波那契数列的性质时很重要。我们现在看这公式的一些奇异现象，我们知道 $\dfrac{1\pm\sqrt{5}}{2}$ 这两个数是无理数，而斐波那契数都是正整数。正整数用无理数表示真是奇特。另一方面，当我们用比内公式来计算一些斐波那契数时，我们也并不需要算出 $\frac{1}{\sqrt{5}}\left(\frac{1-\sqrt{5}}{2}\right)^n$ 的值，因为 k' 是小于 1 的数，而 F_n 是正整数，因此如果 n 是偶数，那么 F_n 等于 $\frac{1}{\sqrt{5}}\left(\frac{1+\sqrt{5}}{2}\right)^n$ 的整数部分加 1，如果 n 是奇数，那么 F_n 等于 $\frac{1}{\sqrt{5}}\left(\frac{1+\sqrt{5}}{2}\right)^n$ 的整数部分。

$-k'$ 可以表示成一个最简单的无穷连分数：

$$\frac{\sqrt{5}-1}{2} = \cfrac{1}{1+\cfrac{1}{1+\cfrac{1}{1+\cdots}}}$$

它的近似分数是 $\frac{1}{1}$，$\frac{1}{2}$，$\frac{2}{3}$，$\frac{3}{5}$，$\frac{5}{8}$，$\frac{8}{13}$，$\frac{13}{21}$，$\cdots$。读者会注意到这些分数的分子和分母是由斐波那契数组成！

1/1＝1	2/1＝2
3/2＝1.5	5/3＝1.666$\cdots$
8/5＝1.6	13/8＝1.625
21/13＝1.615 384 6	34/21＝1.619 047 6
55/34＝1.617 647	89/55＝1.618 181 8
144/89＝1.617 975	233/144＝1.618 055 5

$\cdots\cdots$

斐波那契数又和我们以前介绍过的贾宪三角形有密切的关系。读者请参看下图，在贾宪三角形的第 n 行（在这图里取 $n=10$），然后由 1 为起点画一条线和水平方向成 $45°$ 的角，这条线上所经过的数的和就是斐波那契数列的第 n 项。

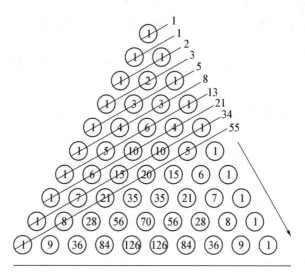

斐波那契数和贾宪三角形的关系

例如在上图里，我们有 $F_9 = 1 + 7 + 15 + 10 + 1 = 34$。

我们现在定义一个整数函数 $[\ ]$：R（实数集合）→Z（整数集合），对于任何实数 x，$[x]$ 是不超过 x 的最大整数。例如 $[0.618]=0$，$[3]=3$，$[\sqrt{5}]=2$，$[-\sqrt{5}]=-3$ 等。这个函数在数学上很有用，读者以后会再遇到它。

我们介绍这个函数的目的是要用二项式系数来表示斐波那契数。对于任意斐波那契数 F_{n+1}，我们有公式

$$F_{n+1} = \sum_{i=0}^{\left[\frac{n}{2}\right]} \binom{n-i}{i}$$

例如读者在贾宪三角形的第五行由 1 为起点画一条和水平方向成 $45°$ 的角的线，我们看到它经过 1，3，1，刚好就是

$$F_5 = \sum_{i=0}^{2} \binom{4-i}{i} = \binom{4}{0} + \binom{3}{1} + \binom{2}{2}$$
$$= 1 + 3 + 1 = 5$$

斐波那契数列有一个很奇怪的性质，很早就引起人们注意：

你拿一个固定的正整数（比如说 4），然后以这数来除所有的斐波那契数，把得到的每个余数写下来，你会发现这些余数组成的数列会有周期现象出现。（对 4 来除的情形，你获得 1，1，2，3，1，0，1，1，2，3，1，0，1，1，2，3，…。）

在 19 世纪时法国一个数学家卢卡（Edouard Lucas，1842—1891）在研究数论的素数分布问题时，发现其和斐波那契数有些关系，而他又发现一种新的数列：2，1，3，4，7，11，18，29，47，76，123，199，322，521 等。这数列和斐波那契数列有相同的性质，第二项以后的项是前面两项的和组成。数学家们称这数列为卢卡数列（Lucas sequence）。

例如对于任何正整数 n，我们用 L_n 表示第 n 个卢卡数：$L_0 = 2，L_1 = 1，L_2 = 3，L_3 = 4，L_4 = 7，L_5 = 11$ 和 $L_6 = 18$，等。其特征在于有递推公式 $L_n = L_{n-1} + L_{n-2}$，其中 $n > 1$。

卢卡数和斐波那契数两个序列之间存在一些有趣的关系。例如，如果每一个斐波那契数乘以其相应的卢卡数，我们发现如下对应：

n：0，1，2，3，4，5，6，7，8，…

$F_n L_n$：0，1，3，8，21，55，144，377，987，…

要发现和斐波那契数的关系，考虑斐波那契数列的偶数项：

n：　0，1，2，3，4，5，6，7，8，…

F_{2n}：0，1，3，8，21，55，144，377，987，…

那么我们恒有 $L_n F_n = F_{2n}$。

而卢卡数的一般项有类似比内公式的公式。这里我们留下不考虑，请对数学有兴趣的读者自己试着找找看。

比利时数学家爱德华·齐肯多夫（1901—1983）1939 年曾发表论文证明定理：任意正整数均可唯一地表示为非连续的斐波那契数之和。

让我们以一个简单的例子来说明此定理。假定要求使用斐波那契数之和来表示整数 30。首先给出斐波那契数：1，1，2，3，5，8，13，21 作为位权。然后列出整数 30 可表示为这些斐波那契数之和的等式：$30=21+8+1=21+5+3+1=13+8+5+3+1=13+8+5+2+1+1$。最后在这些等式中唯一选取 $30=21+8+1$，因为只有该等式不存在连续的斐波那契数。

这个数列在数学中是最奇特和最常出现的数列，美国一组

数学家在 1963 年组织"斐波那契协会"，出版一本主要致力于研究斐波那契序列的杂志《斐波那契季刊》（*Fibonacci Quarterly*），每三月出一次，里面就是登载关于这数列最新发现的性质。协会以及季刊的创办人之一是我执教的圣何塞州立大学的霍格特（E. Hoggatt，1921—1981）教授。

霍格特教授

生物学和物理学上的斐波那契数

斐波那契数列并不是单纯出现在"生兔子问题"中。大自然里一些花草长出的枝条也会出现斐波那契数，有一种俗称"喷嚏麦"（sneezewort）的菊科植物，新的一枝从叶腋长出，而另外的新枝又从旧枝长出来，老枝条和新枝条的数目的和就像兔子问题里的一样。

植物学家发现一些植物的花瓣、萼片、果实的数目以及排列的方式，都有一个神奇的规律，它们都非常符合著名的斐波那契数列。

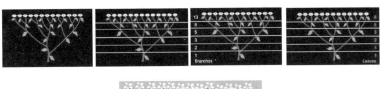

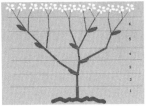

符合斐波那契数的枝条生长模式

　　大自然中大多数花朵的花瓣数目是 1，2，3，5，8，13，21，34，55，89，…。例如百合花和蝴蝶花是 3 瓣；梅花、金凤花是 5 瓣；飞燕草、翠雀花是 8 瓣；孤挺花、金盏和玫瑰是 13 瓣。紫宛 21 瓣，向日葵不是 21 瓣，就是 34 瓣。雏菊都是 34、55 或 89 瓣。其他数目则鲜少出现。

　　例如：蓟，它们的头部几乎呈球状。在下图中，你可以看到两条不同方向的螺旋。我们可以数一下，顺时针旋转的（和左边那条旋转方向相同）螺旋一共有 13 条，而逆时针旋转的则有 21 条。此外还有菊花、向日葵、松果、菠萝等都是按这种方式生长的。

花瓣中的斐波那契数

蓟 　　　　　　　　向日葵

菠萝

西兰花(左)，菜花(右)

黄金角

如果我们将一个圆周分成两段弧，而两段弧的长度比为黄金比例，则小弧所对的圆心角我们称之为黄金角(golden angle)。如右图：

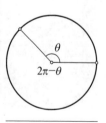

黄金角的计算

$$\frac{2\pi - \theta}{\theta} = \varPhi \Rightarrow \varPhi\theta = 2\pi - \theta$$

$$\Rightarrow \theta = \frac{2\pi}{\varPhi + 1} = \frac{2\pi}{\varPhi^2}$$

$$= \frac{2\pi}{\varPhi}(\varPhi - 1) = 2\pi - \frac{2\pi}{\varPhi}$$

$$\therefore \frac{2\pi}{2\pi - \theta} = \frac{2\pi}{2\pi - \left(2\pi - \dfrac{2\pi}{\varPhi}\right)} = \varPhi$$

由此可知,圆周与大弧长度的比亦为黄金比例。那么黄金角有多大呢? 经过计算:$360° - 360°/\varPhi$ 大约是 $137.51°$。

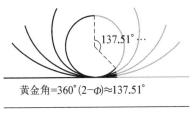

黄金角 = $360°(2-\varPhi) \approx 137.51°$

黄金角

在螺旋叶序中,所谓叶序分数(即后文介绍的"叶开度"),即由斐波那契序列 1,1,2,3,5,8,13,21,34,55,…的两个连续项构成。当是这种情况时,连续两片树叶或两个植物元素之间的夹角近似黄金角 $137.5°$。

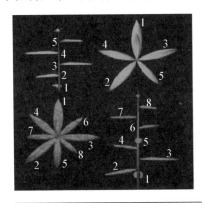 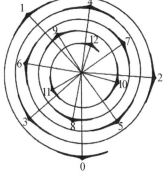

植物中的黄金角

在下边的植物 Aonium 叶片 2 和 3、叶片 5 和 6 之间的夹角都是非常接近 $137.5°$。

另一种植物中的黄金角

叶序（phyllotaxis）一词的意思是"叶片的排布"，由瑞士博物学家查尔斯·博内（Charles Bonnet）在 1754 年创造。在 19 世纪 30 年代，一对科学家兄弟发现每张新叶在植物茎干上被某一个角度的前一张叶所定位：通常约 137.5°左右，这个角度是恒定的，称为发散角（divergence angle）。

如果用显微镜观察新芽的顶端，你可以看到所有植物的主要征貌的生长过程——包括叶子、花瓣、萼片、小花等。在顶端的中央，有一个圆形的组织称为"顶尖"（apex）；而在顶尖的周围，则有微小隆起物一个接一个地形成，这些隆起则称为"原基"（primordium）。成长时，每一个原基自顶尖移开（顶尖从隆起处向外生长，新的原基则在原地）；最后，这些隆起原基会长成叶子、花瓣、萼片等。每个原基都希望生成的花、蕊或叶片等能够获得最大的生长空间。例如叶片希望得到充足的阳光，根部则希望得到充足的水分，花瓣或花蕊则希望充分地自我展现以吸引昆虫来传粉。因此，原基与原基隔得相当开。由于较早产生的原基移开得较远，所以你可以从它与顶尖之间的距离，来推断出现的先后次序。令人惊奇的是，我们若依照原基的生成时间顺序描出原基的位置，便可画出一条卷绕得非常紧的螺线——称为"生成螺线"（generative spiral）。

1979 年，数学家沃格尔（H. Vogel）以电脑模拟向日葵的原基的生长情形,他用圆点来代表向日葵的原基,在发散角为固定值的假设下,试图找出最佳的发散角使这些圆点尽可能紧密地排在一起。他用极坐标

$$r = c\sqrt{n}$$

$$\theta = n \times 137.508°$$

代表这些圆点。他的电脑实验显示,当发散角小于 137.5°,圆点间就会出现空隙,而只会看到一组螺线;同样的,如果发散角超过 137.5°,圆点间也会出现空隙,但是这次看到的是另一组螺线。因此,如果要使圆点排列没有空隙,发散角就必须是黄金角;而这时,两组螺线就会同时出现。简言之,要使花头最密实、最坚固,最有效的堆排方式是让发散角等于黄金角。

下面的图是用数学软件模拟沃格尔的实验结果。

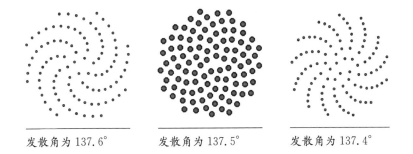

发散角为 137.6°   发散角为 137.5°   发散角为 137.4°

科学家研究了植物的叶子生长分布的情形,他们发现对同一类植物,它们的"叶开度"(leaf divergence)是一样的。从一片叶看起,你看在它上面要多少叶才刚好有一片叶长在和它相对同样的位置,这数目写为 p,另外看这些叶子是对茎来讲转了多少圈,把这数目记为 q,那么叶开度就是定义为 $\dfrac{q}{p}$。

植物学家发现植物的叶开度和斐波那契数有关系。普通的草和菩提树的叶开度是 $\dfrac{1}{2}$,榛和营茅是 $\dfrac{1}{3}$,一些果树如苹果树以及

叶分歧与斐波那契数有关

槲树是 $\dfrac{2}{5}$，玫瑰花、车前草是 $\dfrac{3}{8}$，柳树、杏仁树是 $\dfrac{5}{13}$。

我们注意到这些分数都在 $\dfrac{1}{2}$ 和 $\dfrac{1}{3}$ 之间，因此叶子长出来有一个分隔，它们能得到阳光照射进行光合作用，而且呼吸得较好。这真是奇妙的安排。我们看这些分歧数 $\dfrac{1}{2}$，$\dfrac{1}{3}$，$\dfrac{2}{5}$，$\dfrac{3}{8}$，$\dfrac{5}{13}$，$\dfrac{8}{21}$ 等，分子和分母的数值组成了斐波那契数列。

考克斯特(H. S. M. Coxeter)在他《几何入门》有以下重要观点："应该坦率地承认，一些植物的叶序数字不属于斐波那契数列的顺序，但属卢卡数的顺序，或更反常的序列

$$3, 1, 4, 5, 9, \cdots$$
$$5, 2, 7, 9, 16, \cdots$$

因此，我们必须面对的事实是，叶序数字不是一个普遍规律，只是自然界有迷人的普遍倾向。"

斐波那契数也出现在物理学上。假定我们现在有一些氢原子，一个电子最初所处的位置是最低的能级（ground level of energy），属于稳定状态。它能获得一个能量子或两个能量子（quanta of energy）而使它上升到第一能级或者第二能级。但是在第一级的电子如失掉一个能量子就会下降到最低能级，如获得一个能量子就会上升到第二级来。

现在研究气体吸收和放出能量的情形，假定最初电子处在稳定状态即零能级，然后让它吸收能量，这电子可以跳到第一能级或第二能级。再让这气体放射能量，这时电子在第一能级的就要下

降到零能级,而在第二能级的可能下降到零能级或者第一能级的位置去。

我们在下图列出:吸收、放出、吸收、放出、吸收、放出这六个过程中电子能级可能的变化情形。读者可以看到电子所处状态的可能情形是:1,2,3,5,8,13,21,…。这是斐波那契数列的一部分。而电子处在零能级或第一能级的概率又和斐波那契数有关!

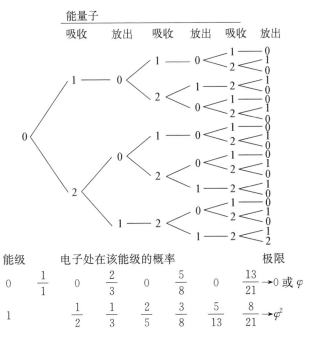

下面来看看斐波那契数在纯数学研究中的重要性。

希尔伯特第十问题

我们曾经谈过在数论里不定方程是很有趣的,也有许多问题到现在还未解决。

比方说给出这样的一个二元一次不定方程 $ax + by = c$，这里 a、b、c 都是整数。我们有方法判定它有没有解而且知道怎样找它的解，即找出满足以上方程的那些整数。

在数论研究中，数学家一般对特殊的不定方程判断是否有解时，都是用特殊的方法去考虑。这个方法对这一类问题可以解决，但对另外一类就行不通了。

数学家自然产生一个问题：是否存在一个"统一"的方法，能够处理这样的不定方程：$p(x_1, x_2, \cdots, x_n) = 0$，这里的 p 是整系数多项式，$x_1, x_2, \cdots, x_n$ 代表变数。

大卫·希尔伯特

而且我们还要求如果这个方法存在的话，用它来判断给定的不定方程，计算的步骤不能是无穷的，即有限次后就能知道这个不定方程是否有解。不然的话，就算我们能构造一个电子计算机，它能帮助我们迅速计算，但是计算次数是无穷才能知道答案。"吾生也有涯，而学无涯"，这时真的要"殆矣！"

1900 年德国的大数学家希尔伯特在巴黎举行的国际数学家会议上给出了 23 个当时世界上还未解决的数学问题，他认为这些问题很重要，而且它们的解决会推动数学的进展。

希尔伯特本身是一个当时公认最有成就的数学家，他不但在纯粹数学理论方面有贡献，而且利用数学工具来研究物理问题。他给出的问题当然是值得研究的，而他的每一个问题都出名，后来人们就用"希尔伯特第 x 问题"来代表其中的第 x 个问题。

我们刚才提的那一个问题就是所谓的"希尔伯特第十问题"。如果真的存在这种"统一"方法，那么我们就设法找出来，然后就可以利用它来解决许多数论的问题了。长期以来许多数学家都想解决这个"希尔伯特第十问题"。

一直到 1970 年苏联的一个 22 岁的数学家尤里·马蒂亚塞维奇(Y. B. Matijasevic)利用斐波那契数列以及美国数理逻辑学家马丁·戴维斯(Martin Davis)和朱莉娅·罗宾逊(Julia Robinson)的工作证明了希尔伯特期望的方法不存在。

1965 年当马蒂亚塞维奇还是大学数学力学系二年级学生的时候,他就开始研究希尔伯特第十问题。那时候,他熟悉马丁·戴维斯、希拉里·普特南(Hilary Putnam)和朱莉娅·罗宾逊撰写的文章。

马蒂亚塞维奇回忆他的发现:"1969 年秋天,一位同事跟我说:'快去图书馆,朱莉娅·罗宾逊在最近一期的美国数学会学报上发表了新的论文!'

但我早已把希尔伯特第十问题搁置一边了,于是对自己说:'朱莉娅·罗宾逊在此问题上取得新的进展,这很好,但我不能再花时间在此了。'所以我没有去图书馆。

马蒂亚塞维奇

数学天堂的某处必定有位上帝或女神,冥冥中注定我要读到朱莉娅·罗宾逊的新论文。由于我早期在此领域上发表论文,业已成为该领域的专家,因此《数学评论》(*Mathematical Review*)以请我作为苏联数学评论员,向我邮寄了论文,以予评论。

这样我意外地阅读了朱莉娅·罗宾逊的文章,并且 12 月我们在 LOMI(斯捷克洛夫数学研究所列宁格勒分所)举行的逻辑研讨会上我介绍了她的论文。

希尔伯特第十问题再次吸引住我,我立即看到朱莉娅·罗宾逊提出一种新奇的方法。这种方法使用了一种特殊的佩尔方程

$$x^2 - (a^2 - 1)y^2 = 1 \qquad (1)$$

以递增的顺序列出方程的解 $\{c_0, f_0\}$，$\{c_1, f_1\}$，$\cdots$，$\{c_n, f_n\}$，$\cdots$，则它们满足递归关系

$$c_{n+1} = 2ac_n - c_{n-1} \qquad (2)$$

$$f_{n+1} = 2af_n - f_{n-1} \qquad (3)$$

很容易证得，对于任意的 m，数列 c_0, c_1，$\cdots$ 和数列 f_0，f_1，$\cdots$ 都是关于模 m 的纯周期数列，因此它们的线性组合也是关于模 m 的纯周期数列。通过归纳，得到数列

$$f_0, f_1, \cdots, f_n, \cdots (\bmod a - 1) \qquad (4)$$

的周期性是

$$0, 1, 2, \cdots, a - 2$$

而数列

$$c_0 - (a-2)f_0, c_1 - (a-2)f_1, \cdots, c_n - (a-2)f_n (\bmod 4a - 5)$$
$$(5)$$

的周期性始于

$$2^0, 2^1, 2^2, \cdots$$

罗宾逊的主要新思想是引入一个条件 $G(a)$ 来同步这两个数列，$G(a)$ 可以保证数列（4）的周期长度是数列（5）的倍数。"

马蒂亚塞维奇写道："经过先前的研究工作，我认识到斐波那契数在解决希尔伯特第十问题中的重要性。这正是我为什么在 1969 年夏季怀着极大兴趣去阅读那本关于斐波那契数的书，这是一本由沃罗比约夫所写的第三个修订版。令人难以置信的是，由斐波那契在 13 世纪引进的斐波那契数，到 20 世纪竟然有人能独具慧眼，在兔子繁殖中发现了斐波那契数中新的东西。然而，这本

新版书不仅包含了传统的斐波那契数知识,还囊括了作者原创性的研究成果。事实上,沃罗比约夫业已在四分之一世纪前取得了这些成果,只是此前他一直没有对外公布。他的研究成果马上吸引了我,但我仍然未能马上使用它来构造一种指数增长关系的丢番图表达式。"

马蒂亚塞维奇这样评价沃罗比约夫和朱莉娅·罗宾逊对他在解决希尔伯特第十问题上的影响:

"我没有思考丢番图方程的那段时间,沃罗比约夫定理和朱莉娅·罗宾逊的新方法带领我步入希尔伯特第十问题的负解领域。1970年1月,我在我协会里首次作了关于指数增长丢番图关系的演讲。

令人惊讶的是,为了构造这种指数增长关系的丢番图表示,我需要证明一个更新的关于斐波那契数的纯数论结果,第 k 个斐波那契数可被第 j 个斐波那契数的平方整除,当且仅当 k 自身可被第 j 个斐波那契数整除。这个性质本身不难证明,但令人不敢相信的是,自斐波那契时代起竟无人从理论上、甚至从经验上发现这一美丽的事实。"

"我原来的证明……是基于苏联数学家沃罗比约夫在 1942 年证明的定理,他只把定理发表在他那本流行书的第三版修订版上……读完朱莉娅·罗宾逊的论文后,我马上明白沃罗比约夫定理非常有用。1970 年朱莉娅·罗宾逊从我这收到此书的副本,此前她一直没有读过沃罗比约夫那本书的第三版。如果沃罗比约夫把他的定理收录在此书的第一版里,谁能知道有什么事情发生呢?也许希尔伯特第十问题就提前十年解决了!"

玩游戏和动脑筋

1. 这里介绍一个两人玩的火柴游戏。在桌面上随便放两堆火柴杆，现在两人轮流从这两堆火柴取出一些。如果你要同时从两堆里拿出一些，那么从各堆拿出的火柴杆数要一样；你也可以随便从任何一堆里拿出任何数目的火柴杆出来。

谁最后能一次拿完谁就是胜利者。比方说现在你面对的一堆只有一根，另外一堆只有两根，我们看有几种可能的拿法：(1) 你拿掉只有一根的火柴杆，你的对手就能把另外的一堆全部拿走，你输了。(2) 你把两根的那一堆取出一根火柴，剩下是(1，1)的情形，你的对手也可以一下同时把这两堆拿走，你也输了。(3) 你把有两根的那一堆一起拿走，剩下那一根的就只好由对手拿，他又赢了。(4) 你同时两边各取一根，结果变成(0，1)的情形，那么那剩下的一根也只好由对手取，胜利又属于他。

看来你如果面对(1，2)的情形，你是输定了。如果你要赢这场游戏，那么就让你的对手面对这对数好了。我们就称(1，2)是你的"胜利数"。胜利数不止(1，2)，还有(3，5)，(4，7)，(6，10)，(8，13)，(9，15)，(11，18)等。你可以试试看。

我这里告诉你一个找寻胜利数的秘诀：你拿黄金数的近似值 1.618 及它的平方，同时用一个正整数来乘，然后拿这两个积的整数部分（即去掉小数点后的数），那就是胜利数了。

你可以看到我们的(1，2)，(3，5)，(4，7)，(6，10)等胜利数就是这样得来的。

2. 在一个长方形 $ABCD$ 上，我们要在 AD 边和 AB 边上找两点 P 和 Q，然后我们连结 PQ、QC 和 PC，将长方形 $ABCD$ 分解成四个三角形。现在要求的是三个直角三角形 PAQ、QBC、PDC面积都相等。

你会发现这 P、Q 会将 AD 和 AB 黄金分割。

3. 给出一个半圆，试作一个正方形内接这半圆，一边在直径上，你找找看，哪里有黄金分割的现象出现。

4. 欧几里得的《几何原本》一书里，考虑了这样的问题："作一个三角形，使得两腰相等，而其底角是顶角的 2 倍。"

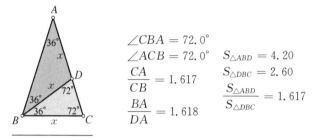

$$\angle CBA = 72.0°$$
$$\angle ACB = 72.0° \quad S_{\triangle ABD} = 4.20$$
$$\frac{CA}{CB} = 1.617 \quad S_{\triangle DBC} = 2.60$$
$$\frac{BA}{DA} = 1.618 \quad \frac{S_{\triangle ABD}}{S_{\triangle DBC}} = 1.617$$

黄金三角形

5. 现在看看这个数 $k = \dfrac{\sqrt{5}-1}{2}$，它有下面的性质：

$$k^2 = -k + 1$$

$$k^3 = k^2 \cdot k = -k^2 + k = -(-k+1) + k = 2k - 1$$

$$k^4 = 2k^2 - k = -3k + 2$$

$$k^5 = -3k^2 + 2k = 5k - 3$$

我们看这个表示 k^2，k^3，k^4，k^5 等的序列中，右边的系数有一些规律，我们观察到 k 的系数是 -1，2，-3，5，$\cdots$，常数项是 1，-1，2，-3，$\cdots$。是否它们都和斐波那契数列有关系？猜想一般项 k^n 的样子是什么？然后用数学归纳法来证明。

6. 如果 n 能被 m 整除，那么斐波那契数 F_n 就能被 F_m 整除。你先检验看看，然后想法用数学归纳法来证明。

7. 下面的结果是对的，你能证明吗？

① F_n 是偶数仅当 n 是 3 的倍数；

② F_n 是 3 的倍数仅当 n 是 4 的倍数；

③ F_n 是 4 的倍数仅当 n 是 6（而不是 5）的倍数；

④ F_n 是 5 的倍数仅当 n 是 5 的倍数。

8. 现在 g 和 h 是任何整数，令

$$\begin{cases} u_1 = \dfrac{1}{2}(g+h) + \dfrac{1}{2}(g-h)\sqrt{5} \\[2ex] u_2 = \dfrac{3}{2}(g+h) + \dfrac{1}{2}(g-h)\sqrt{5} \end{cases}$$

假设对 $n \geqslant 3$，我们有 $u_n = u_{n-1} + u_{n-2}$，证明一般项 u_n 可以表示成 $g\left(\dfrac{1+\sqrt{5}}{2}\right)^n + h\left(\dfrac{1-\sqrt{5}}{2}\right)^n$，如果令 $g = -h = \dfrac{1}{\sqrt{5}}$，我们就获得比内公式；如令 $g = h = 1$，就得卢卡的公式。

9. 对正五边形

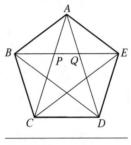

正五边形

我们有线段黄金比

$$AC : AB = AP : PQ = AE : AQ = CP : AP = \frac{\sqrt{5}+1}{2}$$

10. 你可以用边长是斐波那契数的正方形拼出长方形吗？

用斐波那契数边长的正方形
拼长方形

9 "赤脚大仙"

——法国数学家杜阿迪

为什么几何学常被认为是"冷酷""枯燥"的？其中一个原因就是它无法描述云彩、山峦、海岸、树木——我们美丽的大自然。云朵不是一些球形，山峦不是一些圆锥，岛屿不是一些圆形，树皮是不光滑的，闪电也不沿一条直线。

——伯努瓦·芒德布罗

(Benoît Mandelbrot)

谁不知道熵概念就不能被认为是科学上的文化人，将来谁不知道分形概念，也不能称为有知识。 ——惠勒

法国有一位大数学家亨利·嘉当（Henri Cartan，1904—2008），在 1965 年他有一个毕业于高等师范学校的研究生名叫杜阿迪（Adrian Douady，1935—2006）。

亨利·嘉当和高等师范学校

杜阿迪爱开玩笑，在博士论文开头这样写道："本论文的目的是为了使其作者获得博士学位。"

杜阿迪最初与亨利·嘉当研究同调代数，以后渐渐地对皮埃尔·法图(Pierre Fatou)和加斯顿·朱利亚(Gaston Julia)在动力系统上的工作更感兴趣，转而从事研究解析几何及力学系统，是从事复流形及复动力系统杰出的数学家。

杜阿迪对复数领域做出许多贡献，他喜欢说他所有的研究都是关于复数的。他是南巴黎大学的教授，研究芒德布罗集，全纯动力学的权威。

青年时期(1968 年于伯克利)和老年时期的杜阿迪

他以在复平面上的二次多项式为基础对一般的迭代过程进行了深入的研究。他是一位杰出的数学家，特别是他复兴了复动力系统。1989 年获得科学院的安培奖。1997 年被选为法兰西科学院院士。

数学家的怪诞行为

20 世纪 70 年代我在奥赛(Orsay)的南巴黎大学(也叫巴黎第十一大学)做研究，我的办公室与杜阿迪教授、嘉当教授及我的老师塞缪尔(Piere Samuel)在同一层楼，时常看到他们。

我第一次见到杜阿迪时大吃一惊，他外貌很像苏联的作家亚历山大·索尔仁尼琴(Aleksandr Isaiyevich Solzhenitsyn, 1918—2008)，不修边幅的他竟然没有穿鞋子，光着脚跑来跑去。我以为他只是来到大学办公室才这样，后来才知道他常年如此，是一个"赤脚大仙"。

1974 年嘉当教授 70 岁时，一群数学家和他的弟子为他祝寿。我们在 Bures-sur-Yvette 烤羊庆祝，来自北京的吴文俊教授也来参加。作为嘉当的大弟子之一的杜阿迪看来很喜欢烤羊活动，在场积极张罗。我想当天这个大日子他应该穿鞋子，可是他仍然是光着脚。

当年他留了大胡子，大腹便便，不是那种文质彬彬教授的样子，豪爽得就像肉铺店卖肉的老板。他能弹吉他、唱歌，爱开玩笑，常把周围的人逗乐，深受大家喜欢。他来美国拜访一些教授同事的家，很多小孩认为他就像圣诞老人。

杜阿迪生于 1935 年 9 月 25 日，父亲丹尼尔·杜阿迪(Daniel Douady)医生是著名法国卫生专家，在法国消灭了肺结核。

杜阿迪很喜欢烤羊(1990 年 5 月 6 日)

杜阿迪高等师范学校毕业后成为法国国家科学研究中心（CNRS）研究员，并在尼斯大学教书，后成为巴黎高等师范学校教授。以后成为巴黎第十一大学的名誉教授。

1966 年他才 31 岁，被邀请在莫斯科国际数学家大会上演讲。

在让·迪厄多内(Jean Alexandre Eugène Dieudonné, 1906—1992)的领导下，1959—1985 年杜阿迪是"布尔巴基数学家协会"(Bourbaki)的一个主要成员。布尔巴基学派是一个对现代数学有着极大影响的数学家集体，主要工作是致力于编写多卷集的《数学原理》，这一著作对现代数学产生了不可忽视的作用。布尔巴基数学家协会有一条规定，成员到 50 岁必须退休。他为了布尔巴基学派的发展，26 年始终站在最前列。

他和他的学生哈伯德(J. H. Hulbard)创立了一个研究非线性问题的新数学分支，他也变得国际闻名而受邀来美国演讲。哈伯德是美国康奈尔大学教授。

哈伯德

20 世纪 90 年代有一次一位美国数学教授告诉我杜阿迪教授在他的大学演讲，我第一个问题是："他有没有穿鞋子?"结果他告诉我："杜阿迪教授穿皮鞋。"他奇怪我会问那么怪的问题，看来杜阿迪教授"入乡随俗"了。

什么是分形

杜阿迪教授研究无限复杂但具有一定意义下的自相似图形分形和结构的几何学。我们拿来一片蕨类植物叶子，仔细观察一下叶脉，你会发现，它的每个枝杈都在外形上和整体相同，仅仅在尺寸上小了一些。而枝杈的枝杈也和整体相同，只是变得更加小了，它们也具备这种自相似性质。

分形是一种具有自相似特性的现象、图像或者物理过程。也就是说，在分形中，每一组成部分都在特征上和整体相似，只仅仅是变小了一些而已。蜂蜜的结晶、菜花、植物的根、天空中的闪电都是分形。

蕨类植物叶子

蜂蜜的结晶，菜花

伯努瓦·芒德布罗（1924—2010）是分形几何的创立者。他1924年生于波兰华沙，1936年随全家移居法国巴黎，在那里经历了动荡的二战时期；1948年在加州理工学院获得航空硕士学位；1952年在巴黎大学获得数学博士学位。曾经是普林斯顿、巴黎等大学的访问教授，哈佛大学的"数学实践讲座"的教授，IBM公司

伯努瓦·芒德布罗

的研究成员和会员，耶鲁大学数理科学斯特林教席教授兼荣誉教授。

他说："科学不是被人保存在牛津大学、剑桥大学或是常春藤学校里的，科学是给大众的。"他致力于向大众介绍自己的理论，通过面向普通公众的著作和演讲，使他的研究成果广为人知。

他于 1982 年发表创造性的著作《大自然的分形几何》。在这本著作中，他创造了"分形"（fractal）这个词，源于拉丁词 fractus，意思是破坏的或者断开的。不管是在物理、生物和经济等各种领域中的许多复杂现象，都可以"以严格而有力的定量形式逼近"。

在他去世后出版的回忆录中，伯努瓦·芒德布罗写道："我不觉得我发明芒德布罗集：像所有的数学，它一直在那里，但一个奇特的生活轨道，让我是正确的人在正确的位置正确的时间成为第一个发现的人，开始问太多问题、猜想一些答案。"

数学上的朱利亚集（Julia set）是一个分形。这是第一次由法国数学家朱利亚创建的。

法图和朱利亚的开创性工作

分形几何是创立在法图和朱利亚的开创数学工作基础上的。

法图（1878—1929）于 1898 年进入高等师范学校研究数学，1901 年毕业，由于获得数学教授的机会是如此之低，他决定申请巴黎天文台的位置。在为天文台工作

法图

时,法图继续他的数学论文。在 1906 年他提交了他的论文,这是勒贝格积分和复变函数论的理论,在 1907 年获得博士学位。1915 年,巴黎科学院给了其 1918 年大奖赛的主题,该奖项授予迭代运算的研究。法图在 1917 年写了一篇长长的论文涉及使用蒙特尔(Montel)的方法,发展迭代运算的根本理论,几乎可以肯定他打算参与大奖赛。

但有一个人同时也得到相同的结果!

朱利亚(1893—1978)出生于阿尔及利亚,8 岁时第一次进小学就直接入读五年级,很快便成为班上最优秀的学生。后来,18 岁的朱利亚获得奖学金到巴黎学习数学。但法国卷进了第一次世界大战,21 岁的朱利亚参加到一次战斗中,脸部被子弹击中受了重伤,鼻子被炸掉了,在医院病房里的几年间完成了他的博士论文。1918 年他 25 岁,在《纯粹数学与应用数学杂志》(*Journal de Mathématiques Pures et Appliquées*)上发表文章,研究了一般有理函数朱利亚集合的迭代运算性质,长达 199 页,因而获得法兰西科学院大奖而一举成名。此外,这

朱利亚

年他与长期照顾他的护士玛丽安肖松结婚,他们婚后育有 6 个孩子。

朱利亚对数学的很多领域都有贡献,在几何分析理论等方面为世人留下了近 200 篇论文、30 多本书。20 世纪 20 年代更以其对朱利亚集合的研究引起数学界关注。但不幸的是,过了几年,这个有关迭代运算函数的工作似乎完全被人们遗忘了。芒德布罗20 世纪 40 年代是朱利亚的学生,一直到了 20 世纪 70～80 年代,由芒德布罗所奠基的分形几何及与其相关的混沌概念被广泛应用到各个领域之后,朱利亚的名字才随着芒德布罗的名字传播开来。

朱利亚集合可以由下式进行迭代运算得到:

在复平面上，对于固定的复数 c，令 f_c：$C \to C$，

$$f_c(z) = z^2 + c$$

取某一 z 值（如 $z = z_0$），可以得到序列

$$z_0,\ f_c(z_0),\ f_c(f_c(z_0)),\ f_c(f_c(f_c(z_0))),\ \cdots$$

这一序列可能始终处于某一范围之内并收敛于某一值或发散于无穷大。在第一种情况下，我们说轨道是稳定的（stable），它始终处于平面一块封闭区域内。第二种情况下它是不稳定的（unstable），它趋于无穷。我们将使轨道稳定的点 z 的集合也是不发散的 z 值的集合称为朱利亚集合。

【例1】 $c = 0$，朱利亚集是个单位圆。

检查 z，$f(z) = z^2$，$f(f(z)) = z^4$，$f(f(f(z))) = z^8$。

例如 $z = 1$，获得的序列 $1, 1, 1, 1, \cdots$，$z = -1$ 获得 $-1, 1, 1, 1, \cdots$，$z = i$ 是为 i，$-1, 1, 1, \cdots$。

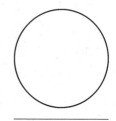

朱利亚集是个圆

但如果 $z = 2$，得到的结果 $2, 4, 16, \cdots$，到无穷大。

用 $z = 1/2$，得到的序列 $1/2, 1/4, 1/16, \cdots$，趋向于零。

因此使轨道稳定的点 z 的集合是圆。

【例2】 $c = i$，朱利亚集是下图。

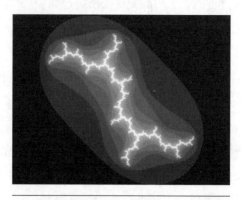

当 $c = i$ 的朱利亚集

【例3】 $c = -1$，朱利亚集是下图。

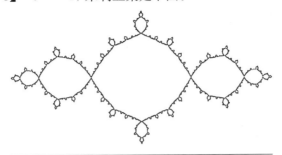

当 $c = -1$ 的朱利亚集

【例4】 $c = 0.285 + 0.01\mathrm{i}$，朱利亚集是下图。

当 $c = 0.285 + 0.01\mathrm{i}$ 的朱利亚集

【例5】 1906 年法图研究 $f(z) = \dfrac{1}{2}(z + z^2)$ 的朱利亚集。

$f(z) = \dfrac{1}{2}(z + z^2)$ 的朱利亚集

正弦函数的朱利亚集

【例6】 1926 年法图研究正弦函数的朱利亚集。

从 20 世纪初起人们就知道朱利亚集分为两种。它可以像我们展示的例子一样，是单独一块，用数学家的话来说就是连通的（connected）；或者它完全不连通，由无穷多个独立的碎片组成，每个的内部都是空集，我们在图像上看不到它！

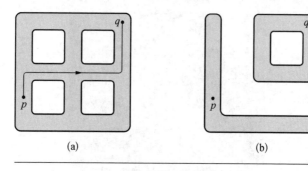

两种朱利亚集（一）
（a）连通集合；（b）不是连通集合

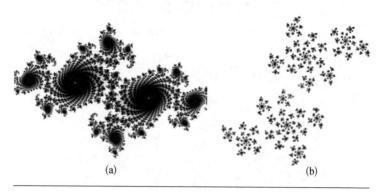

两种朱利亚集（二）
（a）连通集合；（b）不是连通集合

能使我们看见朱利亚集（连通）的点 c 的集合称作芒德布

罗集,为了纪念芒德布罗。所有使得无限迭代运算后的结果能保持有限数值的复数 c 的集合,构成芒德布罗集。为了了解这些集合杜阿迪做了很多工作;他证实芒德布罗集合是连通的。

分形几何是真正描述大自然的几何学,芒德布罗集和朱利亚集是人类有史以来做出的最奇异、最瑰丽的几何图形,芒德布罗称之为"魔鬼的聚合物",有人称之为"上帝的指纹"。

在纽约曼哈顿巴德研究生展览中心(Bard Graduate Center)有一个"分形、混沌,和思维的物质性"的展出,一直到 2013 年 1 月 27 日,里面有哈伯德和杜阿迪的芒德布罗集绘图。

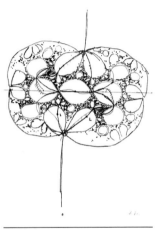

哈伯德和杜阿迪的芒德布罗集绘图

神奇的杜阿迪兔子

杜阿迪理论的特征之一是产生了许多美丽的分形图形,如今由于有计算机才能被画出来。杜阿迪强烈支持促进这种图形的发展,这既有益于数学家的研究,也有助于普及宣传数学。

杜阿迪回忆他建立杜阿迪理论时很多人不理解:"我必须说,每次我告诉我的朋友,在 1980 年我和哈伯德刚刚起步,开始检查二次多项式,在复数的变数(更精确地说多项式的形式是 $z \rightarrow z^2 + c$)上做研究,他们盯着我,面无表情地问:'你觉得你能发现新的东西吗?'但从这个简单的多项式按照严格先进的组合规律生成的这些对象反而是如此复杂。"其实，他们找到了新的东西——让世人惊奇的迭代运算分形系统。

杜阿迪讲课

他找到闻名的杜阿迪兔子。$f_c(z) = z^2 + c$，如果 $c = -0.12 + 0.77i$，它的朱利亚集是神奇的杜阿迪兔子：

$$f(z) = z^2 - 0.552\,68 + 0.959\,456i。$$

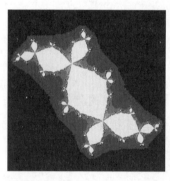

杜阿迪兔子(一)

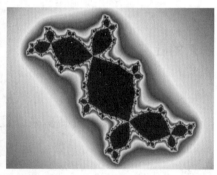

杜阿迪兔子(二)

2006 年 5 月 9～11 日，法国赛尔齐市，蓬图瓦兹大学庆祝杜阿迪的 70 岁生日。大会分发了有他的照片的杜阿迪兔子纪念礼物。

杜阿迪的 70 岁生日礼物

周游世界喜爱朋友

杜阿迪喜欢旅行,周游世界,到过非洲和中国讲学。

杜阿迪在非洲

他的家始终是敞开的,迎接来自世界各地的友人。他的
夫人雷吉娜(Regine)也是数学家,两人合著一本《代数和伽罗

2005 年杜阿迪(左二)在中国杭州浙江大学

杜阿迪(右)在中国上海

瓦理论》的书。他们慷慨好客,雷吉娜烹制精美的食物欢迎朋友。

他的家在巴黎卢森堡花园附近的 Rue M. Le Prince. ,常有街头艺人表演,他遇到总是和他们一起唱法国民歌,人们往往以为他也是街头艺人。

杜阿迪夫妇两人合著《代数和伽罗瓦理论》

2004 年 6 月 28 日杜阿迪庆祝亨利·嘉当的 100 岁生日

2003 年秋天他在庞加莱研究所举办 3 个月的"动力系统在国际"计划,发起了"年轻人研讨会",有 10 国的年轻数学家参与,每周除数学演讲,因他爱波德莱尔(Baudelaire)的诗歌,每周还为他们讲法国诗歌课。

2006 年 11 月 2 日在法国南部的圣拉斐尔海边游泳时,杜阿迪不幸溺水身亡于冰冷的地中海,享年 71 岁。

2007年法国圣查尔斯大学纪念杜阿迪的复分析会议海报

在他去世后，2007年圣查尔斯大学主办复分析会议，2008年法国庞加莱研究所组织动力系统会议纪念他。

住在波士顿的美国数学家罗伯特·德瓦尼（Robert Devaney）为杜阿迪的死亡而悲伤。他有一个严重残疾的女儿梅吉（Meggie），梅吉无法坐起来，或做任何事情，但她能听到，也喜欢唱歌。20世纪80年代，杜阿迪来到波士顿讲学时住在他家好几次。

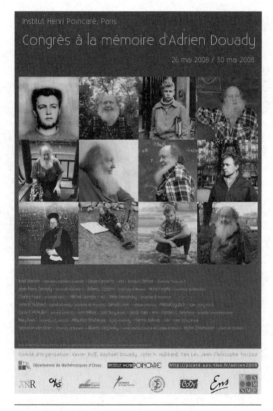

2008年法国庞加莱研究所纪念杜阿迪的动力系统会议海报

　　每当杜阿迪来的时候,他总是会在梅吉清醒的时候唱歌,梅吉会高兴地尖叫,她因此非常喜欢他。这无疑是德瓦尼妻子和他们残疾的女儿最美好的记忆。显然,杜阿迪是关心他们一家的。

　　法国高等科学研究所(IHES)研究主任让·皮埃尔·布吉尼翁(Jean-Pierre Bourguignon)说:"他没有发表过很多文章,但他发表过的文章无不让人惊叹,尤其是激发了大量的不同学科的专家。"他的科学工作大大超出了严格的数学框架,接触到物理学、生物学或天文学。

　　杜阿迪的厄多斯数是 2。他与雅克·迪克斯米耶(Jacques Dixmier,1924—　)写了一篇纤维空间的论文,在法国杂志上发表。迪克斯米耶与厄多斯写了一篇二次形的基本不变数论文,在另一家法国杂志上发表。

　　法国已经有两部电影专门介绍杜阿迪和他的工作——雅克·布里索(Jacques Brissot)和莫妮克·西卡尔(Monique Sicard)拍摄的《数学家阿德里安·杜阿迪》,蒂塞尔(Tisseyre)拍摄的《动态兔子》,影响很多年轻人进入他创建的领域。

10 纯真像儿童的英国数学家康韦

> 或许你可以不相信上帝，但是你不得不相信数学；无论用什么方法论证，你都没法证到 $2+2\neq4$，它绝不可能等于 5。 ——康韦

> 我选择每个人认为复杂的事情，证明它们并不复杂。我已经改变我的去向，一度我曾以世界一流的数学家自居，但是我逐渐变得懒散，才学不足。现在我只尝试让每件事物，以最简单的形式出现在每个人之前。 ——康韦

> 我喜欢炫耀。当我有一个新的发现，我真的很喜欢把它告诉别人。 ——康韦

如果一种米可以养百样人，那么数学家就有千姿万态。许多人以为多数的数学家有些怪怪的……只知废寝忘食搞人们都不懂的东西，与普通人格格不入，交谈起来词不达意，语言没有生活的色彩。

今天我要介绍的是当代著名的英国数学家——约翰·霍顿·康韦（John Horton Conway，1937— ）。他是剑桥三一学院的教授，后被邀请到美国普林斯顿研究所。他是有一些古怪，但他的成就

却是举世公认的,曾发明过数以千计的游戏,许多人玩过他发明的数学游戏——"生命游戏"。2013 年已经 76 岁了,可是纯真得像儿童,他是个心直口快、耿直的人。

康韦

如果你是相信有上帝的,你又认识康韦的话,你又相信耶稣说的只有纯真像儿童的人可以进天国,那么你会认为天国的大门对康韦来说可以畅通无阻。

在 20 世纪 60 年代初,康韦还是剑桥大学的研究生时就已经沉迷于数学益智游戏,他和同住的大学生迈克·盖伊(Mike Guy)解决了一种拼凑方块游戏的全部可能的方法而闻名一时。以后他又发明了许多数学游戏,有些游戏涉及一些深奥的数学问题,数学家还用计算机来协助研究。

他迷恋游戏和拼图促使他在数论、几何等数学领域有重要的发现。他的大部分工作都集中在几何,特别是研究晶格对称性。康韦在 1987 年被授予波利亚伦敦数学学会奖,1997～1998 年被授予弗雷德里克·埃塞尔数学奖,以及美国数学学会 2000 年颁授其斯蒂尔奖。2001 年英国利物浦大学颁授康韦荣誉理学博士。

兴趣广泛的童年

康韦的母亲是阿格尼丝·博伊斯(Agnes Boyce),父亲是西里尔·霍顿·康韦(Cyril Horton Conway)。父亲是英国利物浦一个化学实验室助理。康韦有两个姐姐西尔维娅(Sylvia)和琼(Joan)。

康韦小时候生活很困难，因为英国战时食物短缺。

康韦的母亲说："他小时候就对数学产生兴趣，在 4 岁的时候他就能背诵 2 的乘方数——$2^1 = 2$，$2^2 = 4$，$2^3 = 8$，…，一直到 1 024。康韦在小学阶段非常出色，他几乎每一门课成绩居首。"

康韦对物理、工程、魔术都有兴趣，有一次他看到有人能快速拉出盖在桌上的桌布而不会使杯盘倾倒的表演，他就在圣诞节时表演这个魔术，可是技术不好，餐桌上的餐具全摔落在地面！

剑桥出了牛顿和达尔文等著名的科学家。尽管他没有明确数学是什么，但康韦对数学有定在脑海里的牢固印象，他在小学的理想是他会成为一名数学家。当他 11 岁进入中学之前有人采访他，问他长大想要做什么，他回答说，他想成为一个在剑桥的数学家。10 岁时，同学都戏称他为"教授"。

他在念高年级时，就自我训练快速的计算能力。他后来回忆："在那时候，如果问我 651 乘以 347 等于多少，我能在几秒之内说出正确答案。"为了提高速算的能力，他训练增强记忆力，曾经背诵圆周率 $\pi = 3.141\ 592\ 6\cdots$ 一直到小数点之后 1 000 位。

数学不是他唯一感兴趣的主题，他还喜欢蜘蛛、天文学和化石。他曾花了 1 年的时间学习天上每颗星星的名称和位置。

康韦中学毕业后进入剑桥大学冈维尔与凯斯学院（Gonville and Caius College）学习数学。

达文波特

起初他研究数论

1959 年开始，在剑桥他与哈罗德·达文波特（Harold Davenport，1907—1969）教授学习数论，达文波特是一位杰出的理论家。

"他给了我一个非常棘手的问题,证明一个猜想:每个正整数可以写成 37 个非负整数的五次方和。"

事实上达文波特给康韦的课题是具有挑战性的"华林猜想"。爱德华·华林(Edward Waring, 1736—1798)是一位很杰出的数学家,1757 年他在剑桥大学的数学学位考试中考第一名。在 1760 年获得硕士学位,还没得博士学位就被聘为剑桥大学的卢卡斯(Lucas)教授。

华林

卢卡斯教授是剑桥大学一个重要的职位,只有在学术上有成就的人才能担当,在这之前巴罗(Isaac Barrow)和牛顿就是卢卡斯教授。现在许多人都知道在黑洞理论有卓越工作的半身瘫痪的霍金(S. Hawking)也是卢卡斯教授。

华林不到 30 岁就当上了卢卡斯教授,一直到去世为止,前后38 年。可是他的博士学位却是医学博士(1770 年取得),他曾在伦敦、剑桥及亨丁顿的医院行医。

华林对数论很有兴趣,他在 1770 年的《代数沉思录》(*Meditationes algebraicae*)里提出了这样的猜想:"每个奇数或者是 1 个素数,或者是 3 个素数的和。"这猜想和 1742 年德国数学家哥德巴赫(Christian Goldbach)提出的所谓"哥德巴赫猜想"——每个大于 2 的偶数都是 2 个素数的和,推动后人对数论的研究。

他在《代数沉思录》中还有一个有名的猜想:每个正整数可表示为 4 个整数的平方和,可表示为 9 个非负整数的立方和,可表示为 19 个整数的四次方的和。

1782 年华林在《代数沉思录》第三版扩展了他的猜想,提出下面的华林问题:

"对每个给定的正整数 $k \geqslant 2$,是否存在一个只与 k 有关的正

整数 $s = s(k)$，使得每个正整数皆可表示为至多 s 个非负整数的 k 次方之和？求最小正整数 $s(k) = g(k)$，使每个正整数皆可表示为 $g(k)$ 个非负整数的 k 次方之和。"

华林问题是一个世界级的数论难题。达文波特教授给康韦这一个难题。先让我们看看华林问题的历史：华林自己推测 $g(2) = 4$，$g(3) = 9$，$g(4) = 19$。

对于 $k = 2$，1636 年费马（Pierre de Fermat，1601—1665）在给朋友梅森（Marin Mersenne，1588—1648）的信中声称自己用他的递降法证明了这一定理："每一个正整数是 4 个平方数之和。"但他没有公布证明的内容。费马去世之后，欧拉（Leonhard Euler，1707—1783）曾经试图证明这一定理。但欧拉却在证明中碰了钉子。从 1730 年至 1770 年，在大约 40 年的时间里欧拉证明了许多与四平方定理有关的结果，为后来这一定理的证明创造了条件，但他本人却很遗憾地未能率先证明这一定理。

拉格朗日（Joseph Louis Lagrange，1736—1813）于 1770 年证明了定理，在拉格朗日的证明出现两年之后，欧拉终于完成了自己的证明，因此 $g(2) = 4$。

费马和梅森

对于 $k = 3$，$g(3) = 9$，由肯普纳（A. J. Kempner）正确证明。

对于 $k = 4$，第一个证明超越数存在的数学家刘维尔（Joseph

Liouville)就曾经证明过 $g(4) \leqslant 53$。一直到 20 世纪初期,53 才改进到 38。剑桥大学的哈代(Godfrey H. Hardy)和利特尔伍德(Littlewood)改进为 $g(4) \leqslant 21$,最终 1986 年 4 位外国数学家包括印度人巴拉苏布拉马尼亚姆(Balasubramanian)证明了 $g(4) = 19$。

康韦回忆达文波特教授指导他的情形:"我们每星期四见面,我告诉他关于此难题研究的进程。第一年每天经常花费数小时在公共休息室玩游戏,没有太大的进展。学年结束时,我开始感到内疚,我花了几个星期思考。我发现了问题的解决方案,当学校复课时,我告诉他我已经解决了这个问题,这问题解决是如此困难,他不相信是我解决的。

达文波特花了一个礼拜,仔细研究我的证明,并没有发现重大缺陷后,他告诉我:'康韦,未发现证明有错误,你是正确的,我们这里有一个贫穷(poor)的博士学位论文。'

达文波特教授从来不称赞人,所以这是我可以期待听到的最好的消息。起初我很失望和恼火,他的意思是:'如果你没有做任何事情,这项工作将给你博士,但你应该多工作多研究。'

其实,取得剑桥大学博士学位的平均时间为 3 年,我只是在 1 年内完成我的博士论文。我想通了,现在我知道我可以研究任何我喜欢的问题,我们的周四会议继续进行讨论数学或哲学或几乎任何主题。"

被陈景润击败了

康韦更是没有想到,一场带有毁灭性的灾难正向他扑来。1959 年 3 月,陈景润在《科学纪录》上发表关于华林问题的论文"华林问题 $g(5)$ 的估计"一文,他的结果是:$g(5) = 37$,$19 \leqslant$

$g(4) \leqslant 27$。

1964 年陈景润在《数学学报》上证明了 $g(5) = 37$。康韦熬尽心血的博士学位论文泡汤了。

中国的华林猜想研究始于杨振宁的父亲杨武之。杨武之在美国芝加哥大学的导师是迪克森（Leonard Eugene Dickson，1874—1954），迪克森本人在华林问题上有很深入的研究，在 20 世纪 20 年代他证明了所有的整数是由不到 9 个数的立方和表示的。到了 1939 年他证明只有 23 和 239 需要 9 个数的立方和表示，只有 15，22，50，114，167，175，186，212，213，238，303，364，420，428 和 454 需要 8 个数的立方和。20 世纪 30 年代杨武之也曾从事这方面的研究，他把这方面的工作介绍给华罗庚，华罗庚后来就在这方面取得卓越的成就。

迪克森

杨武之（中）及家人

1936 年华罗庚到剑桥大学进修了两年，他师从哈代，积极参加剑桥大学数论小组的学术讨论班活动，迅速进入该领域前沿。华罗庚潜心研究数论的重要问题，包括华林问题、塔里（G. Tarry）问题等数学难题，华罗庚抓紧这两年的时间，学习非常刻苦努力，写了 18 篇关于"华林问题""塔里问题""奇数哥德巴赫问题"的论文。

20世纪50年代后华罗庚影响陈景润(1933—1996)在这方面做研究。陈景润1953年毕业于厦门大学，1953年秋季，陈景润被分配到了北京一所中学当数学老师。他不善于说话，瘦小病弱，后又查出有肺结核和腹膜结核病症，就回厦门大学图书馆当管理员。厦门大学校长王亚南却不让他管理图书，而是让他专心致志地研究数学。他钻研了华罗庚的

在英国的华罗庚

《堆垒素数论》和《数论导引》，很快写出了数论方面的专题文章《关于塔里问题》。文章寄给了中国科学院数学研究所，论文受到华罗庚的欣赏，应邀到北京参加当年8月召开的全国数学论文报告会。华罗庚提出了把陈景润选调到数学研究所来当实习研究员的建议。1957年陈景润到中科院数学所工作。

陈景润回忆在中科院工作的日子："我从一个学校图书数据室的狭小天地走出来，突然置身于全国名家高手云集的专门研究机构，眼界大开，如鱼得水。在数学所党委的直接领导下，在华罗庚教授的亲切指导下，我在这里充分领略了当时世界上最先进的数

华罗庚(左)与陈景润

论研究成果，使我耳目一新。当时数学所多次举行数论讨论，经过一番苦战，我先后写出了华林问题、圆内整点问题等多篇论文。这些成果也凝结着华老的心血，他为我操了不少心，并亲自为我修改论文。我每前进一步都是同华老的指导分不开的。正是华老的教导和熏陶，激励我逐步地走到解析数论前沿的。

他是培养我成长的恩师。"

正是华罗庚的教导和熏陶，陈景润在研究华林问题上改进了中外数学家的结果。1958年发表了论文。

达文波特教授获悉陈景润"华林问题 $g(5) = 37$" 这篇论文的发表后，认为康韦的工作黯然失色，不再值得获得博士学位。

2004年9月，康韦访问葡萄牙时接受采访。有人问他："你的博士论文导师达文波特是数论专家，但你的论文是有关逻辑的。怎么会发生这种情况呢？"

康韦回复："一位中国数学家解决了同样的问题，同时发表了他的论文。因此，在此之后，我的工作不再值得获得博士学位。另一个原因是，我对一些逻辑理论和集合论的问题也有兴趣，幸运的是，我有足够的材料来写我的论文。达文波特对这些科目也有兴趣，这样我就可以保持相同的论文导师。"

似乎这件事伤害了他很多，他没有提及陈景润的名字。康韦在1967年获得博士学位。

幸运之神

在1964年康韦获得剑桥大学西德尼·苏塞克斯学院（Sidney Sussex College）的奖学金。在这个阶段，他研究数学逻辑，但事情并不顺利。他写道："……我变得非常沮丧。我觉得我并没有做真正的数学，我从来没有发表过论文，我感到非常内疚。"

经过在数学逻辑上一些研究，康韦发现了最密集的包装结构，这24个维度称为利奇（John Leech）晶格对称群。几乎所有的有限零散单群都已知晓。

康韦于1968年宣布他发现了一组新的单群，在1969年的伦敦数学学会第一册中公布了全部细节。从这里开始了他的写作事业,康韦"开始做真正的数学",增强了他的信心,他的发现是在当时最引人注目的数学领域中最显著的发现之一。美国罗格大学的群论权威戈伦斯坦(D. Gorenstein)称赞康韦的工作是"卓绝的"。发现一组新的单群是珍贵和重要的,英国皇家学会为他的发现授予他院士。伦敦数学学会于 1971 年授予康韦贝里克奖(Berwick Prize)。康韦在 1981 年 3 月被选为伦敦皇家学会的资深院士。

1983 年,他被任命为剑桥大学的数学教授。

群论的大师

群论是抽象代数的分支。它是研究一种叫作"群"的代数系统。一个集合 S,及它的一个二元运算 $S \times S \to S$ 如果满足下面的性质:

(1) 存在一个元素 I,使得对每一个在 S 里的 M 有 $M \times I = I \times M = M$。

(2) 对每一个元素 M,有一逆元 M^{-1} 使得 $M \times M^{-1} = M^{-1} \times M = I$。

(3) 运算满足结合律 $M \times (N \times P) = (M \times N) \times P$。我们就称之为群。

比方说所有的整数 Z,对加法运算组成一个群 $(Z, +)$。所有的偶数 $2Z$ 集合,对于加法运算"$+$"组合一个群。以下是一些群的例子。

【例1】 $A = \{正,反\}$,二元运算:

正 $\times$ 正 $=$ 正,正 $\times$ 反 $=$ 反,反 $\times$ 正 $=$ 反,

反 $\times$ 反 $=$ 正

【例2】 正三角形 ABC 的三个转动:

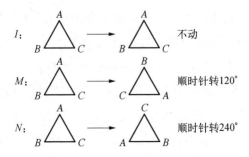

I: 不动

M: 顺时针转120°

N: 顺时针转240°

$S = \{I, M, N\}$ 及乘法由下表写出：

∘	I	M	N
I	I	M	N
M	M	N	I
N	N	I	M

伽罗瓦

我们可以看出$(S, ∘)$是一个群。

群论的基本概念是由法国一个少年伽罗瓦（Evariste Galois，1811—1832）提出的。他为了要知道一元高次代数方程的解而找出群这个威力的工具，他利用他所创造的工具，证明了 $ax^5 + bx^4 + cx^3 + dx^2 + ex + f = 0$，$a \neq 0$ 的代数方程没有像二次方程那样可以用公式表示它的根 $ax^2 + bx + c = 0$，$x = \dfrac{-b \pm \sqrt{b^2 - 4ac}}{2a}$。

近代的物理学家和化学家发现群论可以说明他们研究分子的结构及用来预测一些未发现的基本粒子的存在。

对于数学家来说，他们的兴趣在于研究系统的自同构群。而对搞群论的人来说，他们的兴趣在于所谓"单群分类"的问题。

单群是一种结构较为简单的群，它只有 2 个正规子群。它们像原子核里的基本粒子，可是要寻找新的有限单群却是不容易的事,在 20 世纪 60 年代末期康韦很幸运地找到了 3 个有限单群,这些单群被数学家命名为"康韦单群"(Conway simple group)。

1964 年被任命为剑桥大学纯数学讲师的利奇(1926—1992),于 1965 年左右发现一个在 24 个维度密集的包装结构,现在被称为利奇晶格(Leech lattice)。利奇知道,利奇晶格的对称群将是有趣的,他的工作就可以在一段时间内给予其顺序(后来被证明是该组的实际顺序)的下界。

Simon J. Fraser, John "Horned"
(Horton) Conway, 1975

康韦的漫画像

他知道他没有群论的必要技能以证明他的猜想,试图"引诱"别人来做:"我提出问题,根据不同人的喜好叙述,试图引诱包括考克斯特(Coxeter)、托德(Todd)和格雷厄姆·希格曼(Graham Higman)来研究,但康韦是第一个上钩的人。"

康韦给出了详细的描述。这项工作是要改变他的数学生涯的。他发现利奇晶格对称群 G 是一个以前从未被发现的有限单群,有 8 315 553 613 086 720 000 阶。但 G 具有更加卓越的性能。它有大量的非常有趣的子群,包括两个以前未知的单群,以及群同态群。

康韦的单群是属于 26 个著名的"散见单群"(sporadic groups)的。最新的散见单群是 1980 年由密歇根大学的格里斯(R. Griess)所发现,由于结构庞大,康韦戏称为"怪物"(monster),以后大家都引用这个称呼。它代表在 196 883 维空间里的旋转,对于一般数学家这东西就能令他们晕头转向,而康韦却说:"没有人能否认'怪物'是一个很吸引人的抽象结构。想象一个在 196 883 维空间里的钻石，它有 10^{54} 个转轴和旋转中心，而仍能显示其匀称。任何人，只要能想象这个 196 883 维空间里的东西，一定会由衷地赞美，你随时可以在脑子里想象它。我确实被它震慑住，觉得它将在现实世界里扮演一个突出的角色……或许将是基本粒子理论的一个重要工具。"

康韦继续他的群理论，并发表了"群地图集"（group atlas）。15 年里，康韦和他的同事收集了所有"有趣"的群，把它们归类，描述其属性，并把它们放到一卷中，出版这本书的工作相当繁重。

绳结专家

康韦在中学时对绳结（knot，也被称为纽结）发生兴趣，他收集了各种奇形怪状的绳结。

绳结是人类古老的计数工具——在绳子上拴成各种结子来表示数。中国古书就有"结绳而治"的记载，在波斯（现伊朗）就有传说：古代的大理王派军队去远征斯基福人，派他的一些卫队守卫

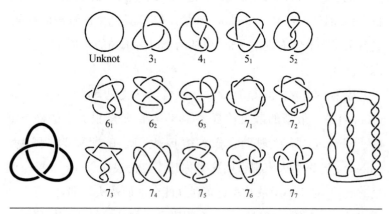

绳结

家乡的桥。他留给他们一条拴上了 60 个结的皮条："卫士们，你们记住，当你们知道我宣布去打斯基福那一天起，每一天解一个结，当所有这些结所表示的日子过去了，你们就可以回家。"

大数学家高斯在 1833 年研究电动力学时引进了闭曲线之间的环绕数，这是纽结理论的基本工具之一。

1880 年左右，苏格兰理论物理学家彼德·G·泰特用多年时间研究出最早的纽结分类表，纽结理论后来随着代数拓扑学的发展而发展，也反过来刺激了代数拓扑学的发展。

1910 年 M. W. 德恩引进纽结的群的概念。1928 年亚历山大（J. W. Alxander）引进了纽结的多项式这个更易处理的不变量，都是重要的进步。

康韦说："绳结问题，本质上就是数学问题。"他在剑桥时写了一篇关于绳结的重要数学论文，其中主要的思想是源自中学时的概念。后来他还编写了一本绳结集，收集各种各样的绳结。

绳结和数学上的拓扑学及群论有关系。美国的一些绳结理论家，有些专程到英国向康韦请教，他通常一边讨论一边在纸头上涂写一些算式，这样往往有一些意想不到的结果出现。这些专家有些难题，往往就被康韦轻而易举地解决。

康韦提出了康韦多项式这种表示不同纽结的方法。纽结论的应用包括弦理论、DNA 复制和统计力学等领域，今日纽结论成为热点研究课题。

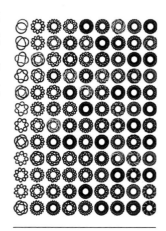

绳结集

"生命游戏"的创始者

如果你要体会像上帝那样"创造"的喜悦,你必须玩一玩康韦的"生命游戏"。这游戏可以在纸盘上一步一步推写,也可以输送到计算机里快速操作。在 1970 年康韦提出这游戏,曾经轰动一时,不单是一些普通人在玩,一些有名的数学家及计算机专家也乐此不疲。有人曾开玩笑说:"全世界有 1/4 的计算机在跑'生命游戏'的程序。"

我曾经教我的学生写"生命游戏"的程序,结果大家都觉得这游戏真是神奇。

冯·诺伊曼(John von Neumann)在 1940 年试图找到一个假设的机器,可以建立本身的副本,他成功发现了一个数学模型。这样的机器建立在正方格上,但有复杂的规则。康韦试图简化冯·诺伊曼的想法,最终成功。马丁·加德纳(Martin Gardner)在 1970 年 10 月的《科学美国人》上介绍康韦的游戏。加德纳写道:"生命游戏让康韦瞬间出名,他成为一个家喻户晓的名人。世界各地的计算机 1/4 时间致力于生命游戏,但它也开辟了一个全新的数学研究领域——细胞自动机(cellular automata)。"

这游戏是一人游戏。首先准备一个有许多正方格的大纸盘,随意在上面放一些圆棋,称为细胞(cell),然后遵循下面的规则:

(1) 复活——考虑一个在中心位置的细胞,在 t 时刻是"死"的,而在 $t+1$ 时刻是"活"的,如果它的 8 个邻域有 3 个细胞在 t 时刻是"活"的。

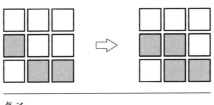

复活

（2）死于孤单——一个活的细胞在 t 时刻没有或只有一个细胞邻域，就会在 $t+1$ 时刻死亡。

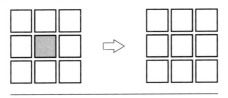

死于孤单

（3）死于过度拥挤——一个活的细胞在 t 时刻如有 4 个或 4 个以上的邻居，就会在 $t+1$ 时刻因过度拥挤而死去。

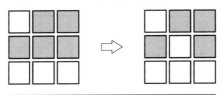

死于过度拥挤

（4）生存之道——一个细胞在 t 时刻生存而能延续生命到 $t+1$ 时刻，当且仅当它在 t 时刻有 2 个或 3 个活邻域。

这个游戏是叫人们生活不可太孤单也不可太滥交朋友。

让我们举一些例子说明。

【例 1】

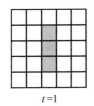
$t=1$

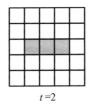
$t=2$

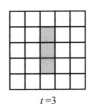
$t=3$

181

10. 纯真像儿童的英国数学家康韦

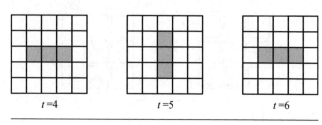

例 1 图

【例 2】

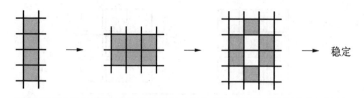

例 2 图

【例 3】

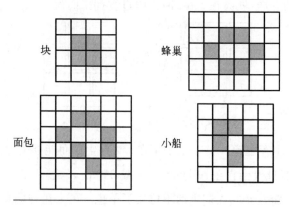

例 3 图（静止生命）

【例 4】

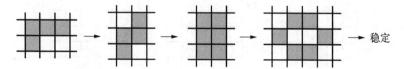

例 4 图

【例 5】

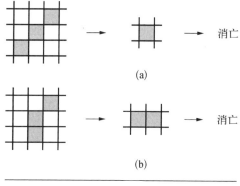

例 5 图

【例 6】

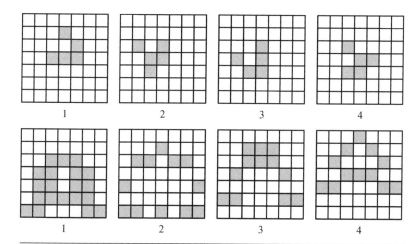

例 6 图

【例 7】

例 7 图

　　读者可以自己设计一些图形并研究它们变化的情形，你会发现有许多神奇的变化。比如，6 个细胞连成一线最后在 $t+12$ 时刻会消亡；7 个细胞连成一线最后在 $t+14$ 时刻不再有任何死亡复活的细胞；9 个细胞连成一线最后在 $t+20$ 时刻以后会出现两种图形的交替变换……

豆芽游戏

　　豆芽游戏（sprouts），是种属于抽象策略的纸笔两人游戏，由康韦、迈克尔·佩特森（Michael S. Paterson）于 1967 年 2 月 21 日在剑桥大学发表。康韦说："豆芽游戏萌生当天，你会发现在喝咖啡时间似乎每个人都尝试玩这个游戏，另一群人环绕玩游戏的人观察豆芽生长。"

　　豆芽游戏规则：

　　（1）开始前，画上指定数量的点。

　　（2）每方回合在两点间画上连接线，然后于此线画上一点。

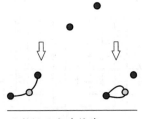

两点间画上连接线

　　（3）每个点最多连接其他 3 个点。A，B 死去不能再用。

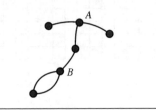

每个点最多连接其他 3 个点

（4）线可以弯或直，不可跨越自己或其他线。

【例1】 2点的"豆芽游戏"。

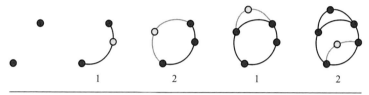

2点的"豆芽游戏"

【例2】 所有可能的2点"豆芽游戏"。

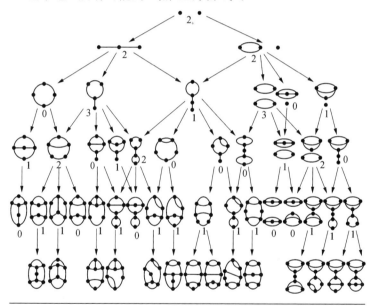

所有可能的2点"豆芽游戏"

【例3】 3点的"豆芽游戏"。

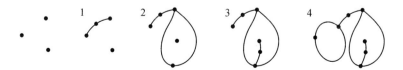

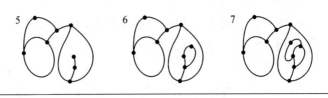

3点的"豆芽游戏"

【例4】 4点的"豆芽游戏"，你可以继续进行下去。

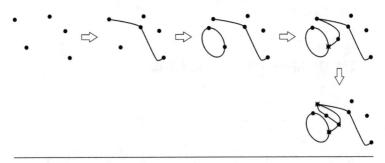

4点的"豆芽游戏"

这个游戏的背后有许多数学理论，1991年贝尔实验室阿普尔盖特（D. Applegate）、雅各布森（G. Jacobson）和斯利特（D. Sleator）用计算机协助考虑 $n = 7, 8, 9, 10, 11$ 点的"豆芽游戏"，发现满足下面的"豆芽猜想"：如果 n 被6除余数是0，1或2，先玩的人会输，其他情况会赢。

这个猜想到现在还没有人证明。2006年勒莫因（Julien Lemoine）及维耶诺（Simon Viennot）用计算机证明这猜想到 $n = 26$ 时是正确的。

超现实数理论的创立

超现实数是由康韦所定义和构造的。也许令人惊讶的事实是，康韦不是试图开发数字系统，而是分析围棋。康韦学习围棋游戏,他注意到,临近结束的一场比赛中,它似乎像很多小游戏的总和。通过分析形势康韦发现,某些游戏的表现就像出生的号码和超现实的数字。"分析一些数学游戏,我写了一篇又一篇的论文。1970年,我惊奇地发现:这些论文与实数理论吻合;经过进一步探讨,它们不止吻合,而且本来就是一体。"

在数学上,超现实数系统是一种"连续统",其中含有实数以及无穷量,即无穷大(小)量,其绝对值大(小)于任何正(负)实数。超现实数与实数有许多共同性质,包括其全序关系"≤"以及通常的算术运算(加减乘除);也因此,它们构成了有序域。在严格的集合论意义下,超现实数是可能出现的有序域中最大的;其他的有序域,如有理数域、实数域、有理函数域、列维-奇维塔(Levi-Civita)域、上超实数域和超实数域等,全都是超现实数域的子域。超现实数域也包含可达到的、在集合论里构造过的所有超限序数。

康韦回忆这发现:"超现实数理论的发现对我真的震动很大,这是离奇的疯狂,但它是真实的! 这就像童话里的杰克攀登豆茎的顶部,发现有迷人的城堡,我不知道该期待什么。超现实数理论的规则都改变了,像变魔术一样,这就像一个新的世界,探索这个世界我花了一些时间。"

克努特(高德纳)

康韦把这些想法告诉了斯坦福大学的计算机专家克努特(Donald Knuth,中文名"高德纳"),结果一年之后克努特觉得应该把康韦的想法写出来,于是1974年利用一个星期在挪威的奥斯陆度假,写出了《超实数:两个前学生怎样转向数学并发现完全快乐》(*Subreal Numbers: How Two Ex-students Turned on to Pure Mathematics and Found Total Happiness*)。这是一本数学科普书,中文译为《研究之美》。这是一部中短篇数学小说，以小说的形式来介绍超现实数的概念和性质，值得一提的是这种把新的数学概念在一部小说中提出来的情形是非常少有的。在这部由对话体写成的著作里，克努特造了"surreal number"一词，用来指称康韦起初只叫作"number"（数）的这个新概念。康韦乐于采用新的名称，后来在他 1976 年的著作《论数字与博弈》（*On Numbers and Games*）中就描述了超现实数的概念并使用它来进行了一些博弈分析。他在其著作《研究之美》一书中，把康韦视为"上帝"："混沌初开，天地伊始，康韦从一无所有中创造了各式各样的'数'。"

克努特在其著作《研究之美》一书序中写道："数学是模式的科

克努特（高德纳）《研究之美》中译本（电子工业出版社）

学。而我则尤其喜爱这样的事实，就是我们能够运用数学推理，由两三条平凡的规则出发，最终得出令人惊喜的结果。在所有的数学领域中堪称是最美妙的主题之一，就是超现实数理论。它是由康韦在 1970 年左右发现的。在他告诉我这个理论数月之后，我产生了一个想法：如果能以他的绝妙想法为基础写个短篇故事，那该多么有趣呀。正如歌剧就是美妙的音乐加上那么一点儿情节，我也想在讲述这样美妙的数学时加上那么一点儿情节。

写作此书时我正旅居挪威。1973 年 1 月，我在奥斯陆市区租了一间宾馆的客房，离易卜生的故居很近，所以我指望能通过这种方式沾上点儿易卜生的灵气。然后，我花了 6 个工作日完成了这本折页册。而到了第 7 日，我就停下来休息。这是我这辈子最快乐的一星期！

如今，事情已经过去了近 40 年。我十分高兴地看到，全世界读者如此喜爱这个故事,所以他们将它翻译成了很多不同的语言。最近一段时间,我读了不少有关'无国界医生'和'无国界工程师'的故事,我也倾向于认为自己是一名无国界数学家。经历了千百年以后,数学已经成为一项全球性的事业,吸引着身处所有地域的人为之奋斗,而其中相当一部分的进展都发生在中国。因此,这本书现在出版了简体中文版,是尤其令我欣喜的事。(同时我也愉快地发现译者的名字和我的中文名'高德纳'同姓,而我的中文名字乃是储枫在我 1977 年首次访华时为我起的。)

我衷心希望中国的读者,无论是否仍然年轻,都能够从康韦留给我们的美妙数学模式中得到乐趣。"

康韦的逸闻

康韦喜欢小孩子的玩意儿,他说:"一般人觉得乏味的,正是我所感兴趣的东西。"在剑桥大学的数学系教授休息室,人们可看到他常常赤着脚,用纸和笔在玩数学游戏,有时就捉着学生、教授或访客和他玩。没有对手,就自己坐在地板上,分析和研究这些游戏。30 多年来他披头散发,满脸络腮胡子,赤着脚随地乱坐,穿上打印数学图表或埃舍尔鱼类转化成鸟或船的衬衫,看起来像一个乖张行为的嬉皮士。康韦说:"我觉得这样是很自然的。我不想自命为一个严肃、纯正而且循规蹈矩的数学家。"

普林斯顿大学数学系 3 楼走道旁有一块板,上面贴了各种从报纸上剪下来的关于系里教授的报道,康韦的报道占了将近一半。普林斯顿大学的数学休息室是康韦的非官方办公室,他喜欢在那里思索。他喜欢躺在沙发上,跷起二郎腿,把双手放在脑后与人交谈。

他喜爱甜食,数学系的休息室每天下午茶点时间会提供甜食

20世纪60年代满脸络腮胡子的康韦

饼干,他总是抢在前头取食。有一次系里安排他的一门课与下午茶点时间有重合,但他通常要晚10分钟才去教室,因为他要吃够点心才上课,有时甚至一边啃着巧克力脆饼一边在黑板上奋笔疾书,含糊不清地讲课。他上课时却是兴之所至讲他喜欢的东西,他喜欢讲故事谈他所认识的数学家,他知道所有这些伟大人物的数学。对程度不好的学生,会认为他在讲天书海阔天空、不负责任。对天分较高的学生,就会觉得跟着大师奔驰在抽象的自由王国而获益匪浅。他是一个非常特殊的教授,为人随和,没有架子,可以与学生到酒馆聊游戏、打弹球、谈数学。

英国康韦(John Horton Conway)和同名同姓的美国数学家康韦(John Bligh Conway)

在他中风之后,腿又受伤,有一次他演讲:"我们称之为小量(epsilon)的东西,要证明它的小,但它可以是任何数字,比如 100,10 000······"读完随身携带拐杖奔出课堂,啪的一声,大门被关上。

他想进行戏剧性的演讲,他准备打开门呼喊:"小量等于 100 万!"但门是紧紧锁着的,随着一阵骚动,此时康韦很难为情地发现自己被反锁在门外。

康韦生活杂乱无章,办公室以杂乱闻名。加拿大著名数学家理查德 • 盖伊(Richard Guy)就是康韦的好朋友麦克 • 盖伊的父亲,在一篇介绍康韦的报道中这样描写:"在他的剑桥大学纯数学和统计系的办公室里几张桌子堆满了论文、书籍、没有回复的文件、笔记、模型、流程、图表、几个喝完没洗的咖啡杯以及一些各种各样的玩意儿,这些东西泛滥到地板上和椅子上,因此很难容两人在办公室里坐下来。如果你能走到黑板前,你会看到各种颜色的粉笔字迹,却没有地方让你写东西。虽然他有很好的记忆力,可是他常常找不到几天前他写下重要发现的纸张,他只好重新写。"

如果学生们通过数学馆 3 楼的窗户,他们会发现康韦在黑板边上玩儿童的游戏。康韦开创了被称为休闲数学(recreational mathematics)的领域。

康韦说:"我有一个很奇怪的记忆力。我记得最没用的、晦涩的细节,但是,当它涉及其他人认为对于生活重要的事情,我可以不记得它们。我在剑桥的时候,我从来没有学过记一些同事的名字——尽管我和他们一起工作了 20 多年!"

"当我还是一名大学生时,我有一个饼干工厂的暑期工。我不得不清理烤箱室的天花板——它完全是黑色的烟尘。这是 50 英尺(1 英尺合 0.3048 米)高的脚手架上,我们的工作是擦洗天花板。"人们很快就发现这是徒劳的,经过 1 个小时的艰苦工作,在天花板上改变了黑色磨砂的光泽颜色。康韦和他的朋友们在脚手架上玩扑克牌,并每隔一段时间,爬下移动脚手架几英尺,爬起来,继

康韦的玩具

同事围看玩数学游戏的康韦

续他们的游戏。不久，他厌倦了扑克，所以康韦决定背诵圆周率。几年后，他背诵到了1万位。

康韦说："我要我的妻子去学习背诵。事实上，每个星期天，我们采取了一个浪漫的小步行至格兰切斯特——剑桥附近的一个可爱的小城镇，我们在一间酒吧吃了午饭。我们会沿着公路散步，我们俩背诵圆周率，她会背20位，然后我就背20位，依此类推。"

有许多人写信给他，他把信件随便放在"纸海"里，几年之后有时看到信上邮戳是几年前的信，他觉得最好的处理方式是不再去拆阅，免得有罪恶感，这样心情可以较安宁。有人批评他处理信函的态度是"不负责任"，但是他仍不能改变办公室凌乱所带来的不便。

在《美国科学人》杂志上长期撰写数学游戏文章的马丁·加德纳获得康韦提供的许多数据、想法和解题方案。

康韦搞了许多数学游戏，通常是由简单发展到复杂。他说："新观念的产生不是很容易的事，大约每年只产生一个新的成功的观念。当我提出一些有用的观念时，学生们只当我在卖弄，因为我通常在一些浅显的课题上做研究。我喜欢在咖啡店内思索，因为这样较容易体会真理，并不是用这种行径来表示特异。"

他担心世界大战的发生,他认为大战发生就是世界末日。当他还是一名大学生时,他参与"禁止核武器"的示威运动,他被逮捕并投入监狱。20世纪70年代,他尝试计算地球毁于核意外的日子,结果得到的答案是:5~10年之间会发生。他曾对人说,当大家都快快乐乐过日子时,他却想到不久之后全世界毁于核爆炸而忧心忡忡。

来到普林斯顿

康韦住在剑桥直到1985年,然后他经历了"离国变化"。

康韦被普林斯顿大学邀请给一个学术讲座作演讲,普林斯顿校园内有很多哥特复兴风格的建筑,大多数都是19世纪末20世纪初修建的。校园的东南面,有一幢1970年落成的12层高的建筑,棕褐色的外墙,黑色的玻璃窗,这幢楼是以20世纪初学校一位学院院长法恩的名字命名——法恩楼,数学系在该建筑物内。康韦的演讲就在那里。

演讲后数学系的主任请他和妻子共进午餐,康韦转过身来,对跟在后面的妻子说:"我认为他会向我提供一份工作。我该怎么办?"

数学系的主任说:"我想和你谈谈你的未来。"数学系想挖他来普林斯顿大学,提出了他感到惊讶的请求。

康韦最初拒绝了这项建议,但被说服留在普林斯顿大学担任客座教授一年,然后考虑这个提议。

"当我回到剑桥,我想,如果你不接受这个工作,你未来30年,会做过去30年的事,这似乎是进入死胡同了。"

按普林斯顿大学的惯例,从别处挖人来时,给的是终身职位,但第一年的头衔还是访问教授,这样如果一年过后这人不愿意留下,还可以回原来的学校。

"我没有意识到当时在普林斯顿大学数学系是多么好。"康韦说,"在我来到这里之前,真正著名的数学家,我不会非常关注,他们来自哈佛、普林斯顿、芝加哥、伯克利。"

康韦解释说当初并不是他自己做决定留下来,"I was undecided(我没有决定)",但是他的第二任太太喜欢普林斯顿。终于康韦漂洋过海从英国来到美国,他的孩子在这里出生,并由此开始了一生与美国的缘分。

康韦自 1987 年以来一直是普林斯顿大学的冯·诺伊曼应用与计算数学教授。有些人说:"如果约翰·纳什(John Nash)是 20世纪 50 年代法恩楼的幻影,那么他的同事康韦是超现实主义建筑的居民。"

他在普林斯顿常失眠,他经常躺在床上几个小时才起床去"小世界咖啡厅"(Small World Coffee),咖啡厅在上午 6 点半就开门。康韦说:"我坐在那里好半天,我做了一个数独谜题,我读报纸,然后我来法恩楼这里。"

康韦喜欢用一系列的公共数学讲座谈数学。在很多讲座中,他谈到古希腊几何学家、他的超现实数的发现,并且演示一些数学技巧。听众络绎不绝,听他讲述数学的乐趣,他们被康韦的智慧魔力迷住了。

康韦自认为是举世无双的天才,他说:"我有点不寻常,大多数同事都是伟大的世界级专家。我不是任何一个世界级专家,但我知道很多东西。"

悬赏解题

康韦曾在贝尔实验室做一个演讲,在那里他提了一个小问题:

是否一个给定序列趋于无限大？他提出了两种形式的问题，一个简单的和一个难的。对于容易的，他提供了 100 美元。对于难的那个，他说："我可以提供 10 倍之多，即 10 000 美元。"

康韦心算很好，可是这时却犯了错误：$100 \times 10 = 10\,000$ 美元。事后，有一个在贝尔实验室的数学家解决了困难的问题。康韦很高兴，并给他写了一张 1 000 美元的支票。

康韦的贝尔实验室合作者斯隆（Sloane）说："这悬赏是 10 000 美元，而不是 1 000 美元。"

康韦不相信，但斯隆让他听磁带录音，磁带上明确说提供 10 000 美元。他和妻子决定，他们不会买打算买的新车，他写了一张 10 000 美元的支票。贝尔实验室的数学家得到了 10 000 美元的支票，但他说，他不会兑现，而是把 10 000 美元的支票框在他的办公室镜框上。

康韦对这数学家说："你不会感到很难过？"随后这数学家接受了康韦的 1 000 美元的支票。

1940 年戴维·西尔弗曼（David Silverman）提出天使和恶魔游戏，1982 年康韦在 *Winning Ways* 这本书上研究了这个博弈游戏。

(1) 有两名玩家参与游戏，两名玩家分别扮演天使和恶魔。

(2) 游戏开始时，指定一个正整数 K，称之为天使的力量。

(3) 游戏在一个无限大的方格棋盘上进行；开始时棋盘是空的，天使停留在棋盘上的某一个点（称为天使的起始点），恶魔并不存在于棋盘上。

(4) 每一轮中，恶魔可以在棋盘上放置一个路障，路障不可以放置在天使停留处。

(5) 每一轮中，天使可以向相邻格移动最多 K 步，移动过程中可以穿过路障，但移动终点必须停留在没有路障的格中；纵横斜格均算作相邻格。

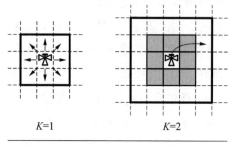

天使和恶魔游戏的规则

（6）从恶魔开始，双方交替进行（若从天使开始，从上面的规则描述，亦可等价转换为从恶魔开始的局面）。

（7）若在一轮中，天使无法移动，则恶魔获胜。

（8）如果天使能够无限地继续游戏，则天使获胜。

$K = 1$ 时，恶魔有必胜策略（康韦，1982 年）。

如果天使不可以降低其 y 坐标，则恶魔有必胜策略（康韦，1982 年）。

如果天使一直增加它到起始点的距离，则恶魔有必胜策略（康韦，1996 年）。

【例】 下图中棋盘区域中央为天使，当天使力量 K 为 3 时，其当前可移动区域被虚线围起。

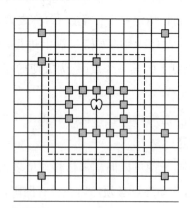

例题图

康韦悬赏 100 美元征求 $K \geqslant 2$ 时天使必胜的证明，1 000 美元征求恶魔必胜的证明。

2006 年，有 4 位数学家独立证明了在 K 为较小整数（包括 $K = 2$）的情况下，天使有必胜策略。

2006 年中风

2000 年我参加 31 届东南国际组合、图论和计算会议。康韦和在那里大学执教的好朋友姚如雄教授来听我的演讲，我们一起吃晚餐。

他是很直接的人，他说："我喜欢几何，目前我写一本书是关于几何……"当时，他很健康和充满活力，我注意到，他说话喜欢使用"我(I)"这词，给我印象深刻，这说明他是相当以自我为中心的人。晚饭后，他和姚教授开车送我到机场。

2002 年 7 月中旬，我去新泽西州罗格斯大学的组合数学研究中心(DIMAC)演讲，我讲完之后，朋友陪我参观普林斯顿大学。那天我们在数学系没有见到老纳什，可是却碰到了老朋友康韦教授，他向我们讲述他最近发现一个用圆规和直尺构造正五边形的方法。

2006 年康韦中风，腿受伤，走路有时需要携带拐杖。虽然他还适合旅行和演讲，他仍然感觉行动受影响："在我目前的状况，我把所有的时间用于思考死亡，这是一个该死的困扰。"有一次，他伤心地说："我曾经以为我是 25 岁，我总是习惯活在 25 岁大概 45 年。但现在我不觉得我是 25 岁了，这是很可悲的。目前年龄是真的追上我了，只是最近中风，医生说我应该休息，工作要减少一半。现在健康恢复，但我怕死，有很多书希望可以完成。"我能感觉到他的焦虑。

多产的数学家

他在有限群、趣味数学、纽结理论、数论、博弈论、二次型、编码理论和面砖等领域都有成就。伦敦数学学会于 1971 年授予他贝里克奖。康韦在 1981 年 3 月被选为伦敦皇家学会的资深会员。然后，在 1983 年，他被任命为剑桥大学的数学教授。他在数论、数理逻辑上有重要的工作，在计算机方面他有某种数值方法的专利权，用他的方法可以将数据和数据编码转换，可以用在计算机的传输系统。

2010 年 4 月 11 日，英国老牌报刊《卫报》(*The Guardian*)邀请了专栏作家亚历克斯·贝洛(Alex Bellos)评选了 2 000 多年来 10 位伟大的数学家，康韦是其中之一。《卫报》创刊于 1821 年，是英国第二大主流报刊，和《泰晤士报》及《每日电讯报》构成英国的三大主流报纸。贝洛是英国畅销书作家，毕业于牛津大学，曾是《卫报》的驻外记者，专长于带数字分析的报道。他的《数字岛历险记》(*Alex's Adventures in Numberland*)是 2010 年英国的畅销书。

康韦写过很多书：

Conway J H. *Regular Machines and Regular Ianguages*. 1970.

Conway J H. *Regular Algebra and Finite machines*. 1971.

Conway J H. *On Numbers and Games*. 1976.

Conway J H, Berlekamp E R, Guy R K. *Winning Ways for Your Mathematical Plays*. 1982.

Conway J H, Sloane N J A. *Sphere Packings, Lattices and Groups*. 1988.

Conway J H, Guy R K. *The Book of Numbers*. 1982.

Conway J H, Smith D A. On Quaternions and Octonions. 2003.

Conway J H, Curtis R T, Norton S P, Parker R A, Wilson R A. *Atlas of Finite Groups: Maximal Subgroups and Ordinary Characters for Simple Groups*. 1985.

Conway J H, Sigur S. *The Triangle Book* . 2005.

Conway J H, Burgiel H. *The Symmetries of Things*. 2008.

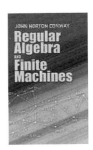

康韦写的书

11 图论染色理论的中国研究者

——张忠辅

我一生不图名，不图利，图的是我有东西留给世界，百年之后对人们还有用。

——张忠辅

我的器官捐给需要的人，我的财产奖给莘莘学子。　　　　　　——张忠辅

同时，我还有一个希望，希望我的同事和学生，证明我已经没有时间去求证的 10 多个数学猜想，把它们变成学术成果，运用到实际生活中，为人类的未来造福。你们一定要将我没有完成的数学前沿研究问题继续下去。

——张忠辅

我的新研究还没有应用于实践，我就倒下了！我最大的遗憾就是不能将我最近一段时间研究的 20 多个新成果应用于实践，只有靠你们继续研究了。　　　　——张忠辅

2010 年 7 月 21 日，读到我的合作者温一慧教授告知张忠辅教授去世的噩耗：“今天收到朋友发来的电子邮件，通报了一个让我十分吃惊的消息，张忠辅走了，他和您一样都是我成长过程中指导、帮助我的老师，不禁潸然泪下……2004 年夏天在新疆乌鲁木齐会议上，我感觉张教授当时很健康，没想到人太脆弱，变化太快了……”

张忠辅(1937—2010)是中国数学界图论染色理论的科研工作者。他以自己的“图染色”研究开创出一片园地。他是兰州交通大学(原兰州铁道学院)应用数学研究所所长，在 2010 年 7 月 16 日中午 12 时 36 分因患胃癌医治无效逝世，享年 74 岁。

张忠辅 1937 年 6 月出生于河南长葛市，1962 年毕业于兰州大学数力系，1962 年至去世前在兰州交通大学从事教学和研究工作，教学生涯将近 50 年。1987 年 1 月由于教学和科研成绩突出，破格由讲师晋升为教授。1990 年被铁道部授予“有突出贡献的中青年科技专家”，1991 年享受国务院政府特殊津贴。1995 年获铁道部“优秀科技工作者”称号。曾获得甘肃省科技进步三等奖两项，铁道部论文及省教委一、二、三等奖 11 项。他曾任中国数学会理事、中国运筹学学会常务理事、中国工业与应用数学理事、中国

张忠辅在内蒙古师范大学演讲(2008 年 12 月 13 日)

教育普及工作委员会主任、甘肃数学会副理事长、甘肃运筹学会理事长。1988—1998 年为甘肃省政协委员，1998—2003 年为甘肃省政协常委。2003 年退休后，一直被学校返聘，并被西北师范大学、西北民族大学、兰州城市学院聘为兼职教授。

图论是数学的一个分支。它以图为研究对象。图论中的图是由若干给定的点及连接两点的线所构成的图形，图论起源于 200 多年前著名的七桥问题。

柯尼斯堡（Konigsberg，今俄罗斯加里宁格勒）是东普鲁士的首都，德国数学家哥德巴赫（Christian Goldbach）、闵可夫斯基（Hermann Minkowski，1864—1909）及大哲学家康德都诞生在这里。普瑞格尔河（Pregel River）流过柯尼斯堡市中心，河中有两座岛，筑有 7 座古桥将河中的岛及岛与河岸连接起来。哥德巴赫问欧拉：要从这 4 块陆地中任何一块开始，通过每一座桥正好一次，再回到起点是否可能？欧拉 1736 年发表了讨论柯尼斯堡七桥问题的著名论文，这是图论的第一篇论文，图论由此发端。

四色猜想的提出来自英国。1852 年，毕业于伦敦大学的格思里（F. Guthrie）来到一家科研单位搞地图着色工作时，发现了一种有趣的现象："为了区别地图上两个相邻的国家或地区，通常是在其中分别涂以不同的颜色。人们在实践中发现，只需要 4 种颜色就够用了。"

1872 年，英国当时最著名的数学家凯莱（A. Cayley）正式向伦敦数学学会提出了这个问题，于是四色猜想成了世界数学界关注的问题。世界上许多一流的数学家都纷纷参加了四色猜想的大会战。在一个平面或球面上的任何地图能够只用 4 种颜色来着色，使得没有两个相邻的国家有相同的颜色。每个国家必须由一个单连通域构成，而 2 个国家相邻是指它们有一段公共的边界，而不仅仅只有一个公共点。

　　人们把地图中的每一个区域称为一个"面",地图染色就是对"面"染色。进一步研究之后人们把地图中的每个区域的"面"视为一个点,若两个"面"相邻接,即地图中的两个区域有一段或几段公共边界,则在表示这两个区域的点之间联接,该联接可以是直线也可以是任意形状的曲线,并称之为边。根据图论中对偶图原理将地图变成点线关系的平面图,就把四色地图着色问题化归为平面图的染色问题。

　　下图 a 共有 4 个面,我们用字母 a, b, c, d 表示这些面(图 b)。

　　a 面和 b 面相邻,我们就连点 a 和点 b。同样我们要连点 a 和点 c,连点 a 和点 d,连点 c 和点 b,连点 a 和点 d,连点 d 和点 b 以及点 d 和点 c(图 c)。

　　我们把图 a 转变成对偶图 c。因此如果我们可以用 3 种颜色在图 a 上染色,我们同样也可以在平面图 d 上用 3 种颜色染色。

　　你会发现不可能用 3 种颜色在图 d 上染色,而需要 4 种颜色才行,因此图 a 需要 4 种颜色来着色。

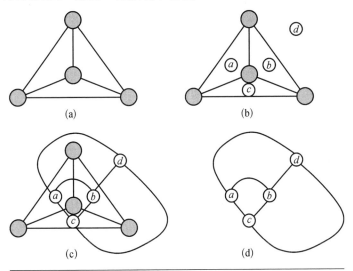

(a)　　　　　　　　(b)

(c)　　　　　　　　(d)

平面图染色问题

证明"四色定理"需要分析可能出现的多种组合图形，这种分析极为复杂。如果依靠人力，一辈子的时间也不够用。1976年，美国数学家阿佩尔（K. Appel）与哈肯（W. Haken）在美国伊利诺伊大学的两台不同的电子计算机上，用了1 200个小时，终于完成了四色定理的证明。

张忠辅就是研究各种图不同染色方法的理论，在图染色领域获得了一些重要成果，他曾3次参加世界数学家大会，并做学术专题报告，先后应邀赴中国科学院、清华大学、新加坡大学、美国密歇根大学、香港大学、香港浸会大学、韩国岭南大学及昌原大学等科研院所讲学或进行合作研究。主持参与了4项国家自然科学基金资助项目，发表学术论文400余篇。

既是女婿又是弟子的兰州交通大学电信学院青年教师李敬文说："今年（2010年）4月初，他就答应法国一所著名大学教授的邀请，今年7月去法国开会，同时已接受邀请参加今年8月在印度举行的世界数学家大会……他总是很忙，即使是7月9日病重转到兰大一院前两天，他还穿梭于兰大、兰州交大、兰州理工大等高校的博士论文答辩会上。他还有很多很多未竟的事业，但他却突然倒下了……"

他除了写科研论文，还为年轻人写通俗文章。《自然杂志》14卷第5期上发表张忠辅写的文章《数学的陷阱——四色猜想的各种"证明"》。中国有一些业余爱好者对四色猜测的证明方法可谓不少，五花八门。可是张忠辅看到的这些数学爱好者的文章后所给的结论却是"他们无一例外地

2006年8月张忠辅参加第25届国际数学家大会

掉进了各种陷阱",苦口婆心希望不要浪费时间"再掉入陷阱"。

张忠辅一生过着极其清贫的日子,身上穿的还是 17 年前女婿"丢弃"的一件衬衣,李敬文感慨颇深:"他一直进行着科学研究,我们都叫他'吃苞谷面成长的数学家'。他每个月的生活费用从来没有超过 300 块钱,经常穿着一件破旧的老铁路服,很多人都把他当成退休铁路工人!但是每到逢年过节,老人就把弟子们叫到家里大吃一顿!"

"1993 年我买了一件衬衣,后来不想穿了,打算把它和一些其他旧衣物装在一起给乡下的亲戚,不料让岳父发现后又捡了出来,这一穿就是 17 年呀!"

夫人冯道先告诉记者,有时候看他身上穿的那几件破衣服,孩子们看不过眼就给他买来新衣服,可他总是埋怨,还说他的衣服多得穿都穿不完,要那么多衣服干什么?"可能大家都不知道,虽然在学术上他取得了一点成绩,但在生活上用现在的话来说就是愚昧。"

张忠辅生活要求非常低,他总是骑着一辆很破旧的自行车上下班。

李敬文回忆说:"岳父在自己的研究领域内成果颇丰,经常外出讲学、参加学术会议,而他每次出差都带着自己的'三件宝'——方便面、大饼、黄瓜。我们做儿女的给他买烧鸡,他从来都不要,不论出国参加国际学术会议,还是到国内其他大学讲学,每次出门,简单的行李包里都要装上这 3 样东西。

岳父不会做饭,只会泡方便面。他每餐的饭菜很简单,就是到国外做报告,也常常是一碗方便面解决问题。他很少给自己添置新衣物,但他却准备把自己一生积蓄的三分之一拿出来做奖励基金。

岳母也是大学教授,她对岳父捐出器官的决定比较支持。我们做子女的,受老人影响,也都决定以后将自己的器官捐献出来。

岳父曾说，我们做研究的，除了把研究成果留给后人，更应该把自己的一切都留给有需要的人。"

和他生活了45年的老伴冯道先说："我们两个都是兰州大学毕业的，他是1962届数学系的，我是1965届生物系的，在兰大上学时相识相恋，1965年我毕业后我们就结婚了。我们一起生活了这么多年，我知道从心理上他还是很关心我和孩子们的，但他就是不知道怎么做才能表达这份爱。从年轻到年老，他总是忙他的事业，我一个人带着4个孩子，还要照顾他。好在他这个人不怎么讲究，穿的衣服都是几年甚至十几年前的；生活上也没什么要求，在家时我做什么他吃什么，只要每天有一碗面条他就心满意足了。他一天到晚就知道钻牛角尖，事业重要，但命总是自己的，像他这样搞数学的人把自己给搞傻了……

1999年年底，我陪他到韩国岭南大学出差，他竟然请那里的两位知名教授（他的好朋友）吃了一锅煮方便面。在很多人看来，这也太有点小气了吧，可他就是这样。"

"2003年，他算是退休了，为什么说算是退休了呢，因为除了与单位在关系上和原来有区别之外，其他都没有变，他还是那样全身心地工作着。平时忙也就罢了，连周六周日他都有研讨会，而且每次都是骑自行车去，理由是节省时间。"冯道先心疼地说。

张教授做事认认真真规划，勤勤恳恳研究。他工作起来没日没夜，经常才睡下突然有了想法就爬起来一直工作到天亮，也从不分什么节假日，大年三十的年夜饭通常也是家人对书房叫几遍他才出来吃。李敬文回忆张忠辅很照顾学生："中秋节本应该全家人一起团团圆圆、开开心心地吃个饭，可是多少次了，儿女们从各地赶来一起过节，大家都到齐了，岳父却请他的学生一起吃饭团聚去了。"

2004年以来，为了帮助青年教师和研究生快速成长，张忠辅几乎每周都在西北师大、西北民族大学或兰州交大主办一次学术

邵慰慈(左)与张忠辅在 2000 年 12 月 15 日摄于香港浸会大学

讨论会。

2006 年 8 月在南开大学召开全国第二届图论和组合会议时，张忠辅说："老、中、青要相互团结双赢，老一辈们无论在怎样的条件下都是很艰苦奋斗的，都能勤勤恳恳地工作，但由于一些原因，老一辈坚持到现在还在工作的人比较少。对于年轻人来说，要坚持一个方向，不能只考虑到面广，也要能专一地做些事情。年轻人要有一个比较长期的目标，努力在某个方向上成为带头人，不能老是跟在别人的后面做一些事情。研究问题的时候要时时想着要有创新精神。还要能够开放，要加强交流。就像陈省身先生说的，要让中国成为一个数学强国。希望组合数学和图论能在南开大学的带领下拿出世界级的成果，与国际水平持平。"

因多年来的饮食不规律外加超负荷的艰辛工作和研究，使得张忠辅有了胃疼的毛病。由于工作繁忙，他一直没去医院检查，2009 年初，开始觉得胃部不适，家人都劝他去医院检查，但由于工作忙，他总是吃点胃药了事。2009 年 10 月底，他从韩国回国时已经连喝水都困难了，随后住院检查被诊断为胃癌晚期。主治医生赵大夫说："一检查就是胃癌三期 B 了，主要原因有两个，一是发现太晚，二是太过劳累。"

张忠辅的责任护士许小姐谈他在住院前化疗的情况："张教授人挺随和的，做化疗的时候特别配合，就是感觉老人特别劳累，特别忙。张教授常说：'给我的膜做好一点，我还要去讲课呢。'每次做完化疗的时候，医护人员都劝张教授休息，可是张教授一心想着学术，想着讲课，化疗没做完就开始为讲课做准备。他还想着重回课堂！"

兰大一院肿瘤治疗中心 1 号病房是张忠辅临时的"家"，屋里只有一张病床，躺在病床上的老人鼻孔里插着胃管，连说话的力气都没有，呼吸很重，表情痛苦，发出微弱的呻吟声，一只手在床前乱抓，显得非常无助。老伴、女婿、女儿、弟子围在床头。

兰州交通大学 80 岁高龄的王周五教授，原来是张忠辅的主管，20 世纪 70 年代末，张忠辅、滕传林、赵帧、林达美等一批人就对运筹学与控制论学科的建设制定了宏伟的规划，鉴于张忠辅在该学科的建设当中做出的卓越贡献及取得的重大成果，是个不可多得的人才，当时顶着巨大的压力，在 1985 年将他破格由讲师提升为教授。

王周五也冒着酷暑来到病房看望张忠辅。王周五进入病房后情绪很激动，拉着张忠辅的手说："好好养病，一定要坚强，要有信心，一定会好的，老张。"病床上的张忠辅流下了眼泪，连声说着"谢谢"，拉着王周五的手久久不愿松开。

王周五很看重张忠辅，说起张忠辅赞不绝口："他是教师的楷模，科研的先锋。希望他尽快地恢复是我们最大的希望！"

2010 年 7 月 12 日，在病房里，七旬老教授脸色苍白，可他还在给学生们讲着课，希望他的弟子们能继续做好他没完成的研究："许多领域都是外国人提出新概念和问题，然后由中国人研究，现在我们要提出新概念和问题，让外国人去研究……"躺在床上的张忠辅却讲得十分认真，谆谆教诲学子们要有严谨的学术作风。近 30 分钟的讲课结束后，由于身体原因，不得不停下来休息。此刻，他的学生、同事和子女们已忍不住流下泪水。

他的长期合作者及老友——中科院的王建方教授及北京大学的许进教授打来电话："我们要来看你,你一定要等我们来啊!"王建方得知噩耗后,非常难过,无比哀痛地对张教授的家属说:"真没想到,我连老张的最后一面都没能见到!"

张忠辅 2009 年在兰州军区兰州总医院接受治疗时就口头立下了遗嘱:"我生命结束后,在我应有的资产中捐出 20 万元,作为兰州交通大学数学与软件工程学院与西北师范大学数学与信息科学学院的奖励基金,用来奖励以上两学院在数学方面发表有创造性的论文或用创新的方法对已有的数学问题做出公认结果的杰出人才。基金的管理及获奖资格的认定我委托以上两学院负责(建议创造性论文或创新的方法达到 SCI 索引 30 次以上者优先)。该奖项每两年评审一次,每次奖励不少于两万元。"

张忠辅的遗体送往兰州市殡仪馆,家属在家里设立了一个灵堂祭奠。"不燃香烛,用鲜花来纪念老人,我们都将为他守灵。"2010 年 7 月 18 日上午 8 时 30 分,兰州市殡仪馆怀远厅庄严肃穆,社会各界 230 余人怀着悲痛的心情在这里送别张忠辅教授。

兰州军区兰州总医院和兰大一院在张教授住院治疗期间,对他做过很多检查,如 B 超、CT、核磁共振等,医生对其身体各个器官的基本状况都有所了解,后来按照器官捐赠的要求还做了检查。张教授去世后,兰大二院联系到他的家属说:"张教授因为年纪比较大,身体很多器官功能都衰竭了,能进行医学移植的很少。又对老人的眼角膜进行了测试,一个眼睛度数是 4.9,另一个是 0.1,而且磨损严重。鉴于这种情况,我们不建议捐赠,原因一是因为眼角膜一般成对捐献,但现在只有一个价值降低;二是 4.9 的那只眼角膜也磨损得比较厉害。所以从整体情况上看医学价值不大。"

李敬文感叹说:"因为癌细胞已经扩散到全身,肝胆等内脏都被癌细胞侵蚀了,肾也衰竭了,眼角膜也不行了。我们原来对捐献眼角膜抱有很大希望，后来经过对眼角膜的测试结果显示，已无多大医学价值。所以，这种情况下，医生建议即使器官捐赠也没有多大医学价值了，我们只能放弃。"

有人写这样的对联哀悼他："上联：教授生平，养家，爱徒，敬业为国，倾能尽职研图论。下联：古稀临危，捐身，献财，励学奖先，毫不思己专利人。横批：众民榜样。"70 多岁高龄却依然对学术兢兢业业、勤勤恳恳，真是令人佩服。

可惜捐献器官的遗愿没能完成，其实张教授生前还有一个心愿，那就是他想出一本书。"岳父那时神志清醒，说话也还流畅，他希望把自己在国内外期刊发表过的 400 多篇学术论文总结一下，把自己一生的研究体会总结一下，出一本图论学术专刊，希望能对年轻人有所帮助。"

我衷心希望这本文集能出版，这对中国图论的发展是有裨益的。

2010 年 7 月 21～23 日

参考文献

1. Mandelbrot B B. 大自然的分形几何学. 陈守吉, 凌复华, 译. 上海: 上海远东出版社, 1998.

2. 郝柏林. 混沌与分形. 上海: 上海科学技术出版社, 2004.

3. Douady A, Hubbard J H. Exploring the Mandelbrot set. *The Orsay Notes*.

4. Douady A, Hubbard J H. On the dynamics of polynomial-like mappings. *Annales Scientifiques de l'École Normale Supérieure*, 1985, 18(2): 287 – 343.

5. Douady A, Buff X, Devaney R L, Sentenac P. Baby Mandelbrot sets are born in cauliflowers //Lei T. *The Mandelbrot set, theme and variations*. Cambridge: Cambridge University Press, 2000: 19 – 36.

6. Gaston J. Mémoire sur l'iteration des fonctions rationnelles. *Journal de Mathématiques Pures et Appliquées*, 1918, 8: 47 – 245.

7. Milnor J. Local connectivity of Julia sets: expository lectures//LEI T. *The Mandelbrot set, theme and variations*. Cambridge: Cambridge University Press, 2000: 67 – 116.

8. 常劳拉. 约翰·H·康韦——神秘数学世界的漫游者. //纽约时报 50 位科学家. 赵伯炜, 等, 译. 海口: 海南出版社, 2003.

9. Applegate D, Jacobson G, Sleator D. Computer analysis of sprouts.

Carnegie Mellon University Computer Science Technical Report，1991，CMU‐CS‐91‐144(5).

10. Berlekamp E，Conway J，Guy R. *Winning ways*：*Volumes I*，*II*. London：Academic Press，1982.

11. Bowditch B H. The angel game in the plane. *Combin Probab Comput*，2007，16(3)：345‐362.

12. Conway. *On numbers and games*. Academic Press，1976.

13. Conway J H. *The angel problem*. Nowakowski R. *Games of no chance*. MSRI Publications，1996，29：3‐12.

14. Copper M. Graph theory and the game of sprouts. *American Mathematical Monthly*，1993，100(5)：478.

15. Gardner M. Mathematical carnival：Knopf. New York：1975：3‐11.

16. Kloster O. A solution to the angel problem. *Theoretical Computer Science*，2007，389(1‐2)：152‐161.

17. Adams C C. The knot book：an elementary introduction to the mathematical theory of knots. *American Mathematical Society*，2004.

18. Máthé A. The angel of power 2 wins. *Combin Probab Comput*，2007，16(3)：363‐374.

19. Schleicher D. Interview with John Horton Conway. *Notices of the AMS*，2013(5). http：//www. ams. org/notices/201305/rnoti-p567. pdf.

20. Seife C. Impressions of Conway — mathemagician. *The Sciences*，1994. http：//www. users. cloud9. net/～cgseife/conway. html.

21. Breakfast with John Horton Conway. *Newsletter of the European Mathematical Society*，2005，57(9).

22. CHEN J R. On waring's problem for n-th powers. *Acta Math Sinica*，1958，8：253‐257.

23. Pan C T，Wang Y，Chen J R. A brief outline of his life and works. *Acta Mathematica Sinica*：*New Series*，1996，12(3)：225‐233.

24. 陈景润. 陈景润文集. 南昌：江西教育出版社，1998.

25. Woodall D R. Thrackles and deadlock. //Welsh D A J. *Combinatorial*

mathematics and its applications: *proceedings of a conference held at the Mathematical Institute*. Oxford: 1969: 335－348.

26. 王丹红. 中国科学院院士王元回忆：陈景润是如何做数学的. 科学时报，2009－02－03. http://www. math. ac. cn/index _ C/NEWS/20090203. htm.

27. Conway J H. Free Will Lectures［1/6］: Free Will and Determinism in Science. http://www. youtube. com/watch? v＝Dkg3NWpoEt4.